普通高等学校“十二五”省级规划教材
高等学校基础化学实验精品教材系列丛书

基础化学分级实验

Basic Chemistry Hierarchical Experiments

第2版

主　编　聂　丽
副主编　张　强

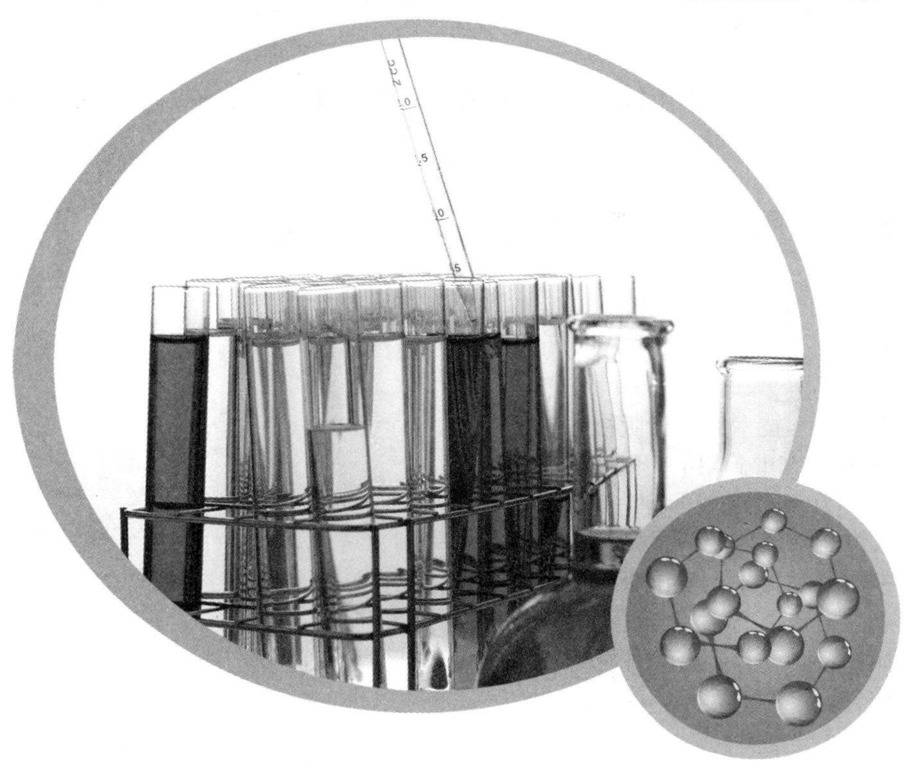

中国科学技术大学出版社

内容简介

本书突出了实验教学的特点，以“技能点”为主线，突破原有无机化学、分析化学和有机化学实验课程体系，融合了无机化学、分析化学和有机化学等实验中的必备实验技能点。在总结多年实验教学改革与实践的基础上，将基础化学实验分为三级：一级为单元基本技能训练，共安排11个项目；二级是在学习掌握一级实验的基础上，将若干单元技能点进行串联与应用，共设22个项目，可供不同专业学生选择；三级是在熟练掌握一、二级实验技能的基础上，增加实验的难度和综合性，如多步有机合成、无机(有机)物的制备及含量测定、微波/超声波合成新技术应用等，共22个项目。在项目选择上，不仅考虑了基础实验技能的完整性，还根据不同专业的需要，具有一定的针对性，同时还兼顾教学内容的趣味性和实用性，突出了化学对人类发展的作用和意义。希望通过基础实验教学的“窗口”，不仅能激发学生学习的兴趣，更重要的是培养学生在实验中观察问题、分析问题和解决问题的能力，为后续学习与工作奠定实践基础。

本书可供非化学专业(化工、制药、生物、食品、环境、农学等)本科学生使用，也可供化学专业本科学生参考。

图书在版编目(CIP)数据

基础化学分级实验/聂丽主编. —2版. —合肥：中国科学技术大学出版社，2016.4(2025.1重印)
ISBN 978-7-312-03933-1

Ⅰ.基… Ⅱ.聂… Ⅲ.化学实验—高等学校—教材 Ⅳ.O6-3

中国版本图书馆CIP数据核字(2016)第057673号

出版 中国科学技术大学出版社
安徽省合肥市金寨路96号，230026
http://press.ustc.edu.cn
印刷 安徽省瑞隆印务有限公司
发行 中国科学技术大学出版社
经销 全国新华书店
开本 787 mm×1092 mm 1/16
印张 10.75
字数 256千
版次 2012年1月第1版 2016年4月第2版
印次 2025年1月第7次印刷
定价 20.00元

再版前言

本书第1版于2012年1月出版，已经使用了4年，受到了相关使用单位的好评，2013年被列为安徽省“十二五”规划教材。根据使用学校的反馈信息和相关专家的宝贵意见，并根据教学的实际需求，编者在第1版及不改变原有编写风格的基础上进行了全面修订，具体有以下几点：

（1）本次修订对于一些内容不够充实的项目进行了补充和扩容，如在原“阿司匹林制备”基础上增加了“阿司匹林含量的测定”，在“氯化物中氯的含量测定”项目中除莫尔法外，增加了佛尔哈德测定法等，在此不一一列举。

（2）将一些知识点和技能点相对单一的项目调整到一级实验中，如“无水乙醇提纯”等，使必修的单元技能点相对完整。

（3）随着各高校实验经费的大量投入，各种实验仪器设备基本齐全，仪器分析实验一般是在基础化学实验之后开设，且内容和学时都能保证，因此本书内容不再包括仪器分析实验相关内容，故将“邻二氮菲吸光光度法测定铁”项目删去。

（4）为了培养学生的环保意识，在第1版中设置了“大气中 SO_2 及水中耗氧量测定”项目，考虑到大气采样仪器并非通用仪器，多数高校可能没有配备，因此采纳了部分专家意见，将“大气中 SO_2 含量的测定”内容删除。

（5）从提高学生综合应用能力出发，除对第1版内容全面修订外，还增加了若干“无机与分析”“有机与分析”相互融合的实验项目，为学生后续专业综合、课后探究实验学习进行了铺垫。

本次修订由聂丽任主编，张强任副主编，共收录55个实验项目。除第1版的相关作者外，杨丽及王溪溪（黄山学院）等也参与了本次修订。此次修订仍会有不足之处，恳请读者批评指正。

编　者

2015年12月

前　言

化学是一门以实验为基础的学科，化学实验是整个化学教学中不可缺少的重要环节。传统的化学实验一直以验证性为主，随着高等学校教育教学改革的不断深入，实验教学的地位和作用发生了根本转变，化学实验教学不再像过去那样以验证性为主并依附于理论教学，而是以提高学生实践能力、培养学生创新能力为其主要功能。

本书融合了无机化学、分析化学和有机化学等实验中的基本内容，突破了原有实验课程体系，将基础化学实验分成三级：一级为无机、分析和有机化学实验必须掌握的单元基本技能；二级是在学习、掌握一级实验的基础上，将若干个单元技能点进行串联；三级是在学生熟练掌握一、二级实验技能的基础上，设置一些技能点较多、操作较为复杂的项目，如多步有机合成、无机纳米制备、微波/超声波合成新技术等，其目的不仅是通过基础实验的"窗口"拓宽学生"视野"，更重要的是提高学生灵活运用化学实验的综合能力、分析解决问题能力，理解和认识化学实验能够创造物质、改变世界的魅力所在。在项目选择上注意考虑不同专业需要，具有一定的针对性、应用性和探究性，旨在激发学生学习的兴趣，为后续专业学习奠定实验技能基础。

本书的编写主要从以下几个方面着手：①突破传统实验课依赖于理论课的做法，独立设课，自成体系；以"实验技能点"为主线设置实验项目，力求基础实验技能点全面；②打破了课程实验概念，实验内容有机整合了原无机、分析和有机化学实验的基本内容，突出实验教学培养学生实践能力、创新能力的功能；③根据实验教学认知规律，本书内容共分三级，每一级都包含无机、分析和有机化学实验内容，互相独立，后一级较前一级有所提高，又互相联系，符合由浅入深的教学规律；④重视引入实验新技术、新知识，拓宽学生视野；⑤注重教材的可读性，将基础知识、基本原理融合在实验项目中，便于学生自学、预习。⑥注意培养学生的环保意识、节约意识，选择的所有制备实验，试剂用量一律采用半微量，有机合成均采用半微量合成磨口玻璃仪器。

本书无机化学实验部分由王方阔、周贤亚编写，分析化学实验部分由胡蕾、吕红编写，有机化学实验部分由聂丽、黄磊、郑蕾编写，全书的插图由胡蕾、周贤亚绘制。在编写过程中得到了张强、严正权、杨梅等同志的支持和帮助，在此一并表示感谢！

由于编者水平有限，编写时间仓促，书中问题和错误在所难免，敬请读者批评指正。

编　者

2011 年 10 月

目　　录

绪　论

一、基础化学实验的目的

（1）能够清楚地认识化学实验的特点、安全规范与其他要求。

（2）学会并掌握基础化学实验必需的基本理论和基本技能。

（3）掌握常用仪器的正确使用、常用实验装置的搭建。

（4）学会并掌握一些无机、有机物的制备、分离提纯与简单表征。

（5）培养严谨的科学态度，准确、细致、整洁、有条不紊的实验习惯，实事求是的科学作风，善于思考、勇于创新的实践能力等。

二、学习方法

1. 预习

预习是做好实验的前提，是实验前必需的准备工作。即阅读相关实验教材，了解本次实验内容、实验目的，实验中所需的仪器、试剂和装置，理解实验原理，实验每一步骤的因果关系和注意事项，预测实验现象，查阅有关实验数据等，写出预习报告。

2. 实验

实验是培养学生独立操作能力以及观察、分析和解决问题等能力的重要环节。如果实验前准备充分，实验过程中就会心中有数，从而有条不紊、忙而不乱。在实验中应该集中思想，注意观察并记录实验现象，对于反常现象，应认真思考，查找分析原因并进行记录。

3. 实验报告

实验报告是每次实验的总结，反映学生实验态度、实验水平以及实验效果。一般分以下几个部分撰写：(1) 实验目的；(2) 实验原理；(3)实验内容(步骤)；(4)实验仪器、试剂与实验装置图；(5)实验现象和数据记录；(6)结果讨论与误差分析；(7)完成指定的思考题等。

三、实验要求

（1）严格遵守实验室规章制度和操作规范。

（2）爱护实验室所有仪器和设备，注意节约用水、安全用电等；使用精密仪器时，必须严格按照操作规程进行，避免因粗枝大叶、违章操作而损坏仪器。如果发现仪器有故障，应立即停止使用，报告教师及时处理。

（3）未经教师许可，不得动用他人的仪器。实验中若有损坏，应如实登记补领，必要时需给予一定的赔偿。

(4) 取用药品试剂时，勿撒落或错取，取用后及时盖好瓶盖，放回原处。仪器和药品严禁带出实验室。

(5) 实验完毕后，应将玻璃仪器洗净，放回原处，整理好药品架和实验台面，值日生打扫卫生，关好水、电、门、窗，实验室任何物品不能随意带离。

(6) 禁止穿拖鞋进入化学实验室。

四、实验室安全规则

1. 实验室安全规则

化学药品中，有很多是易燃、易爆、有腐蚀性或有毒的。所以，在化学实验中，必须十分重视安全问题，不能麻痹大意。在实验前，应充分了解安全注意事项，在实验中，要集中注意力，严格遵守操作规程，以避免事故的发生。

(1) 易燃、易爆的物质要尽量远离火源。

(2) 能产生有刺激性或有毒气体的实验，应在通风橱内(或通风处)进行。

(3) 绝对不允许任意混合各种化学药品。倾注药品或加热液体时，不要俯视容器，也不要将正在加热的容器口对准自己或他人。有毒药品(如重铬酸钾、钡盐、铅盐、砷化合物、汞及汞化合物、氰化物等)不得入口或接触伤口。剩余的废物和金属片不许倒入下水道，应倒入回收容器内集中处理。

(4) 凡使用电炉、酒精灯加热的实验，中途不得离开实验室。

(5) 浓酸、浓碱具有强腐蚀性，使用时切勿溅在衣服或皮肤上，尤其是眼睛上。稀释浓酸、浓碱时，应在不断搅拌下将它们慢慢倒入水中；稀释浓硫酸时更要小心，千万不可把水加入浓硫酸里，以免溅出烧伤。

(6) 自拟实验或改变实验方案时，必须经教师批准后才可进行，以免发生意外事故。

(7) 实验室内禁止饮食，实验完毕后洗净双手，方可离开实验室。

2. 意外事故的处理

(1) 割伤。在伤口处涂抹紫药水或红药水，再用纱布包扎。

(2) 烫伤。在伤口处涂抹烫伤药或用苦味酸溶液清洗伤口，小面积轻度烫伤可以涂抹肥皂水。

(3) 酸碱腐伤。先用大量水冲洗。酸腐伤后，用饱和碳酸氢钠溶液或氨水溶液冲洗；碱腐伤后，用2%醋酸洗，最后用水冲洗。若强酸强碱溅入眼内，立即用大量水冲洗，然后相应地用1%碳酸氢钠溶液或1%硼酸溶液冲洗。

(4) 溴灼伤。立即用大量水冲洗，再用酒精擦至无溴存在为止；或用苯或甘油洗，然后用水洗。

(5) 磷灼伤。用1%硝酸银、1%硫酸铜或浓高锰酸钾溶液洗，然后包扎。

(6) 吸入溴蒸气、氯气、氯化氢，可吸入少量酒精和乙醚的混合气体；若吸入硫化氢气体而感到不适，应立即到室外呼吸新鲜空气。

(7) 毒物不慎进入口中。服用催吐剂(约30 g硫酸镁溶于1杯水中)，并用手指伸进咽喉部，促使呕吐，然后立即送医院治疗。

(8) 触电。遇到触电事故，应先切断电源，必要时进行人工呼吸。

(9) 火灾。若遇有机溶剂引起着火时，应立即用湿布或砂土等灭火；如果火势较大，可用泡沫灭火器灭火，切勿泼水，泼水会使火势蔓延。若遇电器设备着火，先切断电源，然后用四氯化碳灭火器灭火，不能用泡沫灭火器，以免触电。实验人员衣服着火时，立即脱下衣服，或就地打滚。

(10) 伤势较重者，立即送医院治疗。

3. 实验室三废的处理

化学实验室的废水、废液和固体废弃物不能直接排放到室外，否则将造成环境污染，威胁人们健康，在崇尚"绿色环境"的今天必须重视废弃物的处理。

(1) 废气

有毒气体的实验必须在通风橱中进行；HCl、SO_2等酸性气体用 NaOH 溶液吸收；碱性气体(NH_3)用酸液吸收；还原性气体用氧化性溶液(H_2S 用 $KMnO_4$)吸收；CO 可点燃转化为 CO_2后排放。

(2) 废液

无毒物需中和为 pH＝6～8 的无机酸、无机碱或无毒无机盐，然后可以直接排放；一般有害物(有机酸、有机碱、溶剂)必须分别放入酸、碱、溶剂回收桶内，集中处理。

(3) 废渣

少量有毒的废渣，应安排指定地点并深埋于地下。

废物处理时应注意安全，采取必要的保护措施，如佩戴防护眼镜、手套等；有毒蒸气的废物处理应在通风橱内进行。

五、常用仪器的认领、洗涤与干燥

化学实验室常用仪器为玻璃仪器。按用途分为容器类(如烧杯、试剂瓶等)、量器类(如滴定管、容量瓶等)以及特殊用途类(如干燥管、漏斗等)，有机化学实验器皿多为标准磨口仪器，还有一些其他功能性仪器(如气流烘干器、铁架台等)。

1. 常用仪器

表 1 所列为实验室经常使用的一些仪器；表 2 所列则为一些常用的磨口仪器(一般在有机合成实验中使用)。

表1 实验室常用仪器

仪器	规格	主要用途	使用方法和注意事项
烧杯	玻璃质，按容量分为50 mL，100 mL，250 mL，500mL 等	(1) 常温或加热状态下的反应容器 (2) 配制溶液用 (3) 代替水槽用	(1) 反应液体不得超过烧杯容量的2/3 (2) 加热时要把外壁擦干，底部要垫石棉网
锥形瓶	玻璃质，分为有塞和无塞，细口和广口，按容量分为50 mL，100 mL，250 mL，500 mL 等	(1) 反应容器 (2) 适用于滴定操作	(1) 盛放液体不能太多 (2) 加热时应垫石棉网或置于水浴中
试管架与试管	(1) 试管架有木质、铝质或塑料质等，有大小不同、形状不一的各种规格 (2) 试管，玻璃质	(1) 试管架用于放置试管 (2) 试管用于存放液体试剂	试管加热后，用试管夹夹住悬放在试管架上
分液漏斗	玻璃质，有球形、梨形等	(1) 用于互不相溶的液-液分离 (2) 气体发生装置中加液体用	(1) 不能加热 (2) 分液时，下层液体从漏斗管放出，上层液体从上口倒出 (3) 顶塞不能互换、丢失 (4) 活塞处可涂一薄层凡士林防止漏液
漏斗	玻璃质，分短颈、长颈两种；按斗径分有50 mm，100 mm，250 mm，500 mm 等	(1) 过滤液体用 (2) 倾注较大量液体用 (3) 长颈漏斗常用于装配气体发生装置，加液体用	(1) 不可直接加热 (2) 过滤时漏斗颈尖端必须紧靠接收滤液的容器壁 (3) 长颈漏斗在气体发生装置中必须插入液面下

续　表

仪器	规格	主要用途	使用方法和注意事项
吸量管和移液管	玻璃质，统称为吸管。吸量管有分刻度。按刻度最大标度分为 1 mL，2 mL，5 mL，10 mL，25 mL，50 mL 等；移液管为单刻度	精确移取一定体积的液体时使用	(1) 不能加热 (2) 用前先用少量待移取液淋洗三次 (3) 一般吸管残留最后一滴的待移取液体，不要吹出（完全流出式应吹出） (4) 用后洗净，置于吸管架（板）上
容量瓶	玻璃质，按刻度以下的容量分为 25 mL，50 mL，100 mL，250 mL 等型号	用于配制准确浓度溶液	(1) 不能受热，不能代替试剂瓶用来存放溶液 (2) 不能在其中溶解固体 (3) 瓶塞不能互换、丢失
量筒	玻璃质，刻度按容量分为 5 mL，10 mL，25 mL，50 mL，100 mL 等型号	用于较为准确量取一定体积的液体	(1) 应竖直放在台面上，读数时，视线应和液面水平，读取与弯月面底相切的刻度 (2) 不可加热，不可做反应或实验（如溶解、稀释等）容器 (3) 不可量取热液体
滴定管	玻璃质，分酸、碱式两种，也有无色和棕色的；按刻度分，有 25 mL，50 mL，100 mL 等型号	(1) 用于滴定 (2) 量取准确体积的液体时用	(1) 用前洗净后再用待装液体淋洗三次 (2) 用前应赶尽玻璃尖嘴处气泡 (3) 不能受热 (4) 碱式滴定管不能盛放氧化试剂，不能用洗液清洗

续 表

仪器	规格	主要用途	使用方法和注意事项
抽滤瓶和布氏漏斗	(1) 布氏漏斗为瓷质，规格以斗径(mm)表示 (2) 吸(抽)滤瓶为玻璃质，规格按容量分为 50 mL，100 mL，250 mL 等 (3) 两者配套使用	抽滤瓶与真空泵或抽气管相接，用于减压过滤(抽滤)	(1) 不能直接加热 (2) 滤纸要略小于漏斗内径且要覆盖所有小孔 (3) 先开抽气管(泵)，后过滤。过滤完毕后，先分开抽气管(泵)与瓶的连接处，后关抽气管(泵)
洗瓶	塑料制品，有大小之分，常用的有吹出型和挤压型两种	用于盛放蒸馏水	不能加热
洗气瓶	玻璃质，洗气瓶的规格以容量分为 125 mL，250 mL，500 mL 等	(1) 洗去气体中杂质 (2) 收集气体以及计算气体的体积	洗气瓶不能长时间盛放碱性试剂，用后用水清洗干净放置
铁架台，铁圈，铁夹，十字架	铁制品，铁圈的形状、大小不一	(1) 用于固定或放反应容器 (2) 铁圈有时还可代替漏斗架使用	(1) 夹持仪器后，其重心应落在铁架台底盘中部 (2) 夹持仪器不宜太紧或太松，以仪器不能转动为宜
表面皿	玻璃质，按直径分有 70 mm，90 mm 等	(1) 凹面向上盖在烧杯上，防止液体溅出或灰尘落入 (2) 还可用作其他用途	不能直接用火加热

续 表

仪器	规格	主要用途	使用方法和注意事项
蒸发皿	瓷质，也有玻璃、石英或金属制品，按容量分有 75 mL，200 mL 等型号	(1) 蒸发浓缩溶液使用 (2) 随液体性质不同可选用不同的材质的蒸发皿	(1) 能耐高温，但不宜骤冷 (2) 一般放在石棉网上加热 (3) 加热浓缩溶液时要不断搅拌
干燥管	玻璃质，形状多样	内装干燥剂，用于干燥气体	(1) 干燥剂颗粒大小要适中，填充时松紧也要适中，且不与被干燥的气体反应 (2) 两端要填有棉花团 (3) 大头进气，小头出气
坩埚	瓷质，也有石墨、石英或金属制品，按容量分有 10 mL，15 mL，25 mL等	强热，煅烧固体用	(1) 能耐高温放在泥三角上直接加热，但不能骤冷 (2) 强热后用预热后的坩埚钳取下，放在石棉网上冷却
三脚架	铁制品，有大小高低之分	(1) 放置加热容器 (2) 过滤时盛放漏斗用	被加热容器从三脚架取下时不能立即放置实验台上，应先放在石棉网上
试剂瓶	玻璃质，有磨口和非磨口，无色和棕色之分，按容量分有 100 mL，250 mL 等	储存溶液或存放液体试剂	(1) 不能加热 (2) 易见光分解的或不稳定的液体药品应放在棕色瓶中 (3) 瓶塞分为橡皮塞和玻璃塞，存放碱液应选用橡皮塞

表 2　常用的磨口仪器

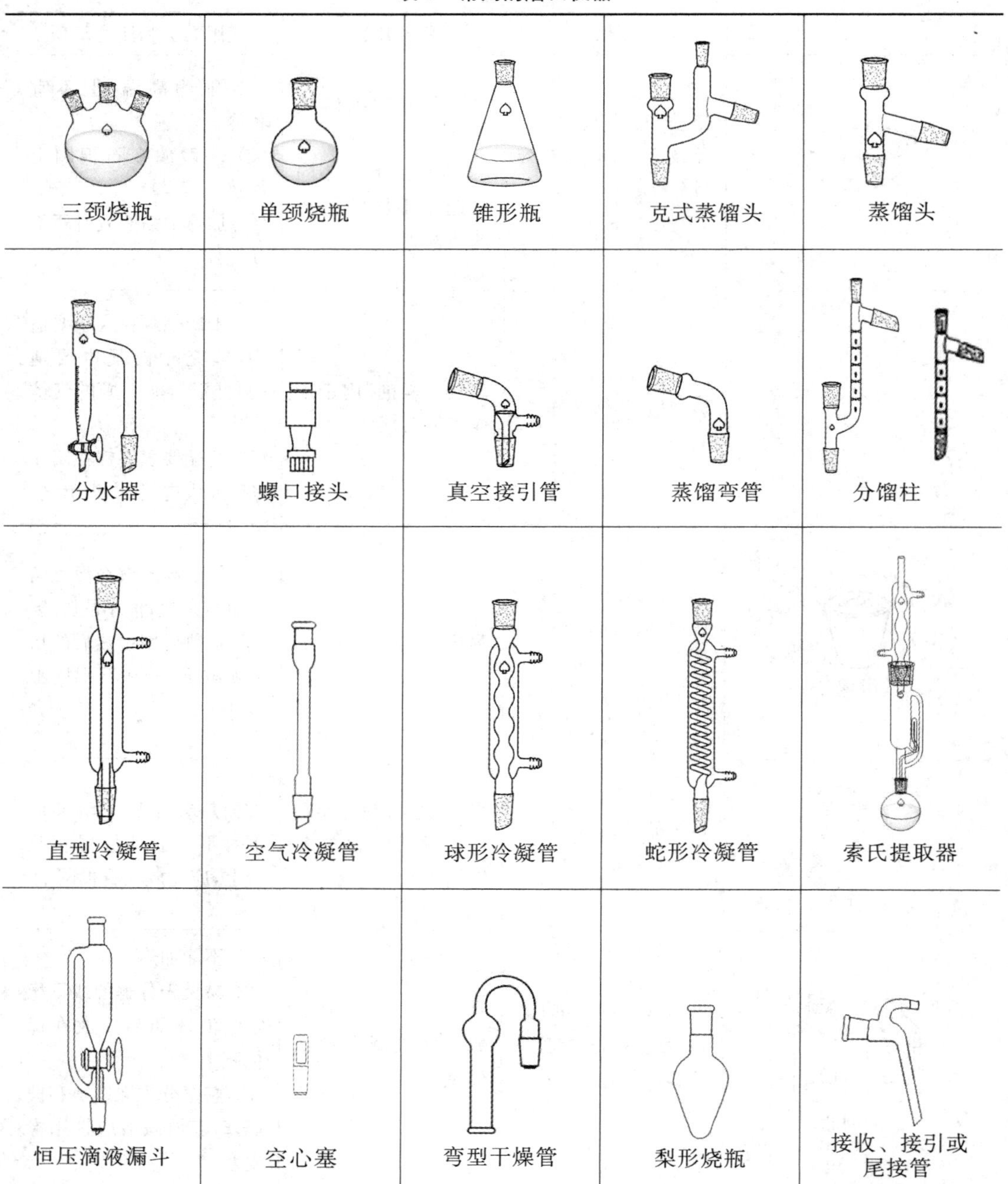

2. 玻璃仪器洗涤

化学实验所用的玻璃仪器必须是十分洁净的，否则会影响实验效果，甚至导致实验失败。洗涤时应根据污物性质和实验要求选择不同方法。洁净的玻璃仪器内壁应能被水均匀地润湿而不挂水珠。一般而言，附着在仪器上的污物既有可溶性物质，也有尘土、不溶物及有机物等。不同的污物清除方式也不同，常见洗涤方法有：

（1）刷洗法

用水和毛刷刷洗仪器，可以去除仪器上附着的尘土、可溶性物质及易脱落的不溶性物质，注意使用毛刷刷洗时，不可用力过猛，以免戳破容器。

（2）洗涤剂法

去污粉是实验室常用的清洗剂。先将待洗仪器用少量水润湿后，用湿的毛刷蘸取少量去污粉，对仪器进行擦洗，注意里外都要刷洗。然后用自来水刷洗干净，最后用蒸馏水淋洗，以除去自来水中带来的钙、镁、铁、氯等离子。每次蒸馏水的用量要少（少量、多次）。其他合成洗涤剂（如洗衣粉、洗洁精等）也有较强的去污能力，使用方法类似于去污粉。

（3）铬酸洗液法

铬酸洗液是由浓 H_2SO_4 和 $K_2Cr_2O_7$ 混合而配制成的一种强氧化性、强腐蚀性的洗涤剂。该洗液呈红褐色，具有强酸性，对有机物、油污等的去污能力特别强，是化学实验室洗涤玻璃仪器常用的洗涤剂。用去污粉洗不干净的仪器可加入少量铬酸洗液洗涤。

铬酸洗液的配制方法：将 2.5 g $K_2Cr_2O_7$ 加 5 mL 水溶解（不溶可加热），冷却后，在不断搅拌下，慢慢加入 45 mL 浓 H_2SO_4（小心使用！），冷却后即可使用。

注意铬酸洗液可反复使用，使用中要避免洗液仪器中残留的水分稀释，用后立即倒回原瓶并盖紧瓶塞密闭，以防浓硫酸吸水而使洗液失效。当洗液呈现出绿色时，说明洗液失效，可再加入适量 $K_2Cr_2O_7$ 加热溶解后继续使用。实验中常用的移液管、容量瓶和滴定管等具有精确刻度的玻璃器皿，一般选择用铬酸洗液进行洗涤。但铬酸洗液具有强腐蚀性和毒性，一般尽量少用。

（4）“对症”洗涤法

针对附着在玻璃器皿上不同物质的性质，采用一些特殊的洗涤方法。如硫黄用煮沸的石灰水；难溶硫化物用 HNO_3/HCl；铜或银的附着用 HNO_3；粘附的 AgCl 用氨水；煤焦油用浓碱；黏稠焦油状有机物用回收的有机溶剂浸泡；MnO_2 用热浓盐酸溶解；附着有机物的玻璃器皿先用氢氧化钠/乙醇浸泡，再用水清洗。光度分析中使用的比色皿等，不能用毛刷刷洗，可先用盐酸/乙醇混合液浸泡，再用水清洗。

3. 玻璃仪器干燥

（1）空气晾干。又叫风干，是最简单易行的干燥方法，只要将仪器在空气中放置一段时间即可。

（2）烤干。将仪器外壁擦干后用小火烘烤，并不停转动仪器，使其受热均匀。该法适用于试管、烧杯、蒸发皿等仪器的干燥。

（3）烘干。将仪器放入干燥箱中，控制温度在 105 ℃左右烘干。注意，此法不能用于精密度高的容量器皿。

（4）吹干。使用电吹风或气流烘干器对待干燥的玻璃仪器进行吹干，适用于快速干燥一些有机实验用的磨口玻璃仪器，也可使用专用的气流烘干机进行吹干。

（5）有机溶剂干燥法。对于小件急用的玻璃器皿，可先用少量丙酮或无水乙醇使内壁均匀润湿后倒出，再用乙醚使内壁均匀润湿后倒出，然后用电吹风吹干。此种方法又称为快干法。

六、实验室用水

化学实验对水的质量有一定的要求，根据不同实验项目要求不一样，可根据实验的要求选用不同规格的纯水。一般的化学实验，可以选用蒸馏水或去离子水。精密测定或高纯度分析，则要用水质高的二次蒸馏水或其他规格的水。具体见表3。

表3　实验室用水

级别	用途	获取途径
一级水	用于严格要求的实验，包括对颗粒有严格要求的实验如高压液相色谱分析用水	用二级水经过石英设备蒸馏或离子交换混合床处理后，再经0.2 μm微孔滤膜过滤来制取。一般要现用现制，不可贮存
二级水	用于痕量分析等实验，如原子吸收光谱分析用水	用多次蒸馏或离子交换等方法制取，可含有微量无机、有机或胶态杂质。用聚乙烯容器密闭贮存
三级水	用于一般化学分析实验	用蒸馏、离子交换或电渗析等方法制取。贮存于密闭的聚乙烯或玻璃容器中

一般化学实验用水制备有以下几种方法：

(1) 蒸馏法是将自来水(或天然水)在蒸馏装置中加热汽化，然后冷凝水蒸气即得蒸馏水。蒸馏水是实验室中最常用的较为廉价的洗涤剂和溶剂。在25 ℃时其电阻率为 1×10^5 Ω·cm左右。

(2) 电渗析法是通过电渗析器，利用电场除去水中阴、阳离子实现净化的方法。它的电阻率一般为 $10^4\sim10^5$ Ω·cm。

(3) 离子交换法是使水通过离子交换柱(内装阴、阳离子交换树脂)除去水中杂质离子实现净化的方法。用此法得到的去离子水的纯度较高，25 ℃时其电阻率为 5×10^6 Ω·cm以上。

(4) 反透膜法是将自来水通过多重吸附，去除水中溶解的微量气体及微量有机液体等，再通过反透膜制得纯水，最后用紫外线照射去除细菌及病毒。

七、化学试剂的规格、存放与取用

1. 化学试剂的规格

根据国家标准(GB)，化学试剂按其纯度和杂质含量的高低分为四种等级(见表4)。

表4　化学试剂的级别

试剂级别	一等品	二等品	三等品	四等品
纯度分类	优级纯(GR)	分析纯(AR)	化学纯(CP)	实验试剂(LR)
标签颜色	绿色	红色	蓝色	黄色或棕色

(1) 优级纯试剂,亦称保证试剂,为一级品,纯度高,杂质极少,主要用于精密分析和科学研究,常以 GR 表示。

(2) 分析纯试剂,亦称分析试剂,为二级品,纯度略低于优级纯,适用于重要分析和一般性研究工作,常以 AR 表示。

(3) 化学纯试剂为三级品,纯度较分析纯差,但高于实验试剂,适用于工厂、学校一般性的分析工作,常以 CP 表示。

(4) 实验试剂为四级品,纯度比化学纯差,但比工业品纯度高,主要用于一般化学实验,不能用于分析工作,常以 LR 表示。

化学试剂除上述几个等级外,还有基准试剂、光谱纯试剂及超纯试剂等。基准试剂相当或高于优级纯试剂,专作滴定分析的基准物质,用以确定未知溶液的准确浓度或直接配制标准溶液,其主成分含量一般大于或等于 99.9%。光谱纯试剂主要用于光谱分析中作标准物质,其杂质用光谱分析法测不出或杂质低于某一限度,纯度在 99.99%以上。

2. 试剂的存放

化学试剂在贮存时常因保管不当而变质,有些试剂容易吸湿而潮解或水解;有的容易与空气里的氧气、二氧化碳或扩散在其中的其他气体发生反应,还有一些试剂受光照和环境温度的影响会变质。因此,必须根据试剂的不同性质,分别采取相应的措施妥善保存。一般有以下几种保存方法:

(1) 密封保存

试剂取用后一般都用塞子盖紧,特别是挥发性的物质(如硝酸、盐酸、氨水等)以及很多低沸点有机物(如乙醚、丙酮、甲醛、乙醛、氯仿、苯等)必须严密盖紧。有些吸湿性极强或遇水蒸气发生强烈水解的试剂,如五氧化二磷、无水 $AlCl_3$ 等,不仅要严密盖紧,还要蜡封。

在空气里能自燃的白磷保存在水中。活泼的金属钾、钠要保存在煤油中。

(2) 棕色瓶盛放

光照或受热容易变质的试剂(如浓硝酸、硝酸银、氯化汞、碘化钾、过氧化氢、溴水、氯水等)要存放在棕色瓶里,并放在阴凉处,防止分解变质。

(3) 危险药品存放

具有易发生爆炸、燃烧、毒害、腐蚀和放射性等危险性的物质,以及受到外界因素影响能引起灾害性事故的化学药品,都属于化学危险品。它们存放一定要单独存放,例如,高氯酸不能与有机物接触,否则易发生爆炸。

强氧化性物质和有机溶剂能腐蚀橡皮,不能盛放在带橡皮塞的玻璃瓶中。容易侵蚀玻璃而影响试剂纯度的试剂,如氢氟酸、含氟盐(氟化钾、氟化钠、氟化铵)和苛性碱(氢氧化钾、氢氧化钠),应保存在聚乙烯塑料瓶或涂有石蜡的玻璃瓶中。

剧毒品必须存放在保险柜中,加锁保管。取用时要有两人以上共同操作,并记录用途和用量，随用随取，严格管理。腐蚀性强的试剂要设有专门的存放橱。

3. 试剂的取用

固体粉末试剂可用洁净的药匙取用。要取一定量的固体时，可把固体放在纸上或表面皿上在台秤上称量。要准确称量时，则用称量瓶在天平上进行称量。液体试剂常用量筒量取。如需少量液体试剂则可用滴管取用，取用时应注意不要将滴管碰到容器的内壁或插入器皿瓶口内。

为了达到准确的实验结果，取用试剂时应遵守以下规则，以保证试剂不受污染和不变质：

(1) 试剂不能与手接触。

(2) 要用洁净的药匙，量筒或滴管取用试剂，绝对不准用同一种器具同时取用多种试剂。取完一种试剂后，应将工具洗净(药匙要擦干)后，方可取用另一种试剂。

(3) 试剂取用后一定要将瓶塞盖紧，不可放错瓶盖和滴管，用完后将瓶放回原处。

(4) 已取出的试剂不能再放回原试剂瓶内。

另外，取用试剂时应本着节约原则，尽可能少用，这样既便于操作和仔细观察现象，又能得到较好的实验结果。

一级　单元技能训练

实验一　溶液的配制

在化学实验中，常常需要配制各种溶液来满足不同的实验要求。如果实验对溶液浓度的准确性要求不高，一般利用台秤、量筒、烧杯等低准确度的仪器配制就能满足要求，就是我们常说的溶液的粗略配制。若实验对溶液浓度的准确性要求较高，如定量分析实验，就必须使用电子天平、移液管、容量瓶等较高准确度的仪器配制溶液，则是准确浓度溶液的配制。对于易水解的物质，在配制中还要考虑先以酸溶解易水解的物质，再加水稀释。

一、实验目的

（1）学习溶液的粗略配制和准确浓度配制方法；

（2）掌握电子天平、容量瓶及移液管的基本操作；

（3）掌握特殊溶液的配制方法。

二、实验原理

无论是粗配还是准确配制一定体积、一定浓度的溶液，首先要计算所需试剂的用量，包括固体试剂的质量或液体试剂的体积，然后再进行配制。

常见溶液浓度的表示方式有：质量分数（%）和物质的量浓度（$mol \cdot L^{-1}$）。

（1）质量分数

$$x = \frac{m_{溶质}}{m_{溶液}}$$

（2）物质的量浓度

$$m_{溶质} = c \cdot V \cdot M$$

上式中，c 为物质的量浓度，单位为 $mol \cdot L^{-1}$；V 为溶液体积，单位为 L；M 为固体试剂的摩尔质量，单位为 $g \cdot mol^{-1}$。

三、仪器与试剂

1. 仪器

托盘天平，电子天平，量筒（50 mL），烧杯（50 mL），玻璃棒，移液管（5 mL），容量瓶（100 mL，50 mL），洗瓶等。

2. 试剂

硫酸铜晶体（s，AR），浓硫酸（AR），醋酸（AR），氯化钠（AR），氢氧化钠（s，AR）等，氯化亚锡（s，AR），浓盐酸，锡粒等。

四、实验内容

1. 粗略配制 50 mL 0.2 mol · L^{-1}的硫酸铜溶液

计算出配制硫酸铜溶液时所需的硫酸铜晶体质量。用托盘天平称取所需质量的硫酸铜晶体，转移至 50 mL 烧杯中，加入少量水[1]搅拌，待固体完全溶解后，用水稀释至刻度，即得所需的溶液。

2. 粗略配制 50 mL 质量分数为 10%的氢氧化钠溶液

计算出配制氢氧化钠溶液时所需氢氧化钠质量。用烧杯在托盘天平上称取所需质量的氢氧化钠（称取量可略多于计算量，因为后面洗涤有质量损失），用少量煮沸并冷却后的蒸馏水迅速洗涤 2～3 次（以除去 NaOH 表面上少量的 $NaCO_3$），再加水溶解并稀释至刻度，即得所需的溶液。

3. 准确配制 100 mL 质量分数为 0.90%的氯化钠溶液

计算出配制氯化钠溶液时所需氯化钠质量，并准备 100 mL 的容量瓶[2]。

用电子天平[3]准确称取所需质量的氯化钠，置于 50 mL 烧杯中，加入少量水搅拌，待固体完全溶解后，沿玻璃棒将溶液定量转移至容量瓶中（图1.1(a)），然后用洗瓶吹洗烧杯内壁和玻璃棒 5 次以上，再按同样的方法将洗涤液转移至容量瓶中。加水稀释，当溶液达到容量瓶的2/3左右溶剂时，将容量瓶水平方向摇转几周（勿倒转），使溶液大致混匀。然后，把容量瓶平放在桌子上，缓慢加水到距标线 2～3 cm，等待 1～2 min，使粘附在瓶颈内壁的溶液流下，眼睛平视标线，改用胶头滴管加水至溶液凹液面底部与标线相切。立即盖好瓶塞，用一只手的食指顶住瓶塞，另一只手的手指托住瓶底（对于容积小于 100 mL 的容量瓶，不必托住瓶底）（图 1.1(b)）。随后将容量瓶倒转，使气泡上升到顶部，再倒转过来，如此反复 10 次以上，才能混合均匀。

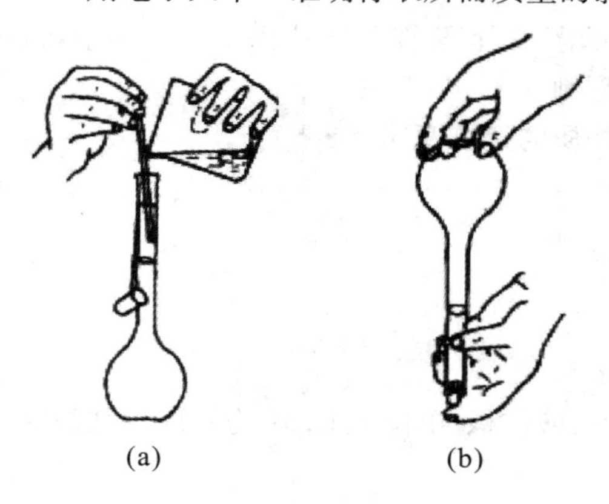

图 1.1 容量瓶的使用

4. 由已知浓度的醋酸溶液（2.000 mol・L^{-1}）配制 50 mL 0.2000 mol・L^{-1}的醋酸溶液

计算出配制 50 mL 0.2000 moL・L^{-1}醋酸溶液所需已知浓度 2.000 mol・L^{-1}醋酸的体积，选择合适的吸量管（或移液管）。

用水清洗吸量管（或移液管）[4] 3 次，再用已知浓度（2.000 mol・L^{-1}）醋酸溶液按照上述方法润洗 3 次。

用吸量管（或移液管）吸取所需体积的醋酸溶液（2.000 mol・L^{-1}）移入 50 mL 容量瓶中，加水稀释至刻度，即得所需的溶液。

5. 粗略配制 50 mL 3 mol・L^{-1}的硫酸溶液

计算出配制硫酸溶液所需的浓硫酸体积。在 50 mL 烧杯中加入适量的水，用量筒量取一定体积的浓硫酸，沿杯壁慢慢倒入 50 mL 烧杯中，一边倾倒一边搅拌，待溶液冷却后，再用水稀释至刻度，即得所需的溶液。

6. 配制 50 mL 2 mol・L^{-1}的 $SnCl_2$ 溶液

由于 $SnCl_2$ 极易水解和被氧化，所以在配制 $SnCl_2$ 水溶液时，必须先将 $SnCl_2$ 溶于浓盐酸中，再用蒸馏水慢慢稀释到所需浓度。如配制的溶液需保存一段时间，则在试剂瓶中需要加入少量锡粒防止被氧化。

计算并称取配制 50 mL 2 mol・$L^{-1}$$SnCl_2$ 所需的量于 50 mL 烧杯中，加入 5 mL 热盐酸（10%）溶解，搅拌均匀后再加入适量的蒸馏水稀释至刻度。再转移至试剂瓶中，加少许锡粒保存待用。

五、数据记录[5]和处理

（1）硫酸铜晶体质量＝______(g)。

（2）氢氧化钠质量＝______(g)。

（3）氯化钠质量＝______(g)。

（4）醋酸体积＝________(mL)。

（5）浓硫酸体积＝______(mL)。

（6）氯化亚锡质量＝______(g)。

六、思考题

（1）用容量瓶配制溶液时，要不要把容量瓶干燥？要不要用被稀释溶液洗 3 遍，为什么？

（2）怎样洗涤移液管？水洗净后的移液管在使用前还要用吸取的溶液来洗涤，为什么？

（3）某同学在配制硫酸铜溶液时，用电子分析天平称取硫酸铜晶体，用量筒取水配成溶液，这种操作正确吗？为什么？

（4）在配制 $SnCl_2$ 溶液时，为什么先加浓盐酸再加水稀释？能否先加水再加酸？

注释

[1] 在分析化学实验中，应根据所做实验对水质量的要求，合理地选用不同规格的纯水。水的规格及制取见绪论。

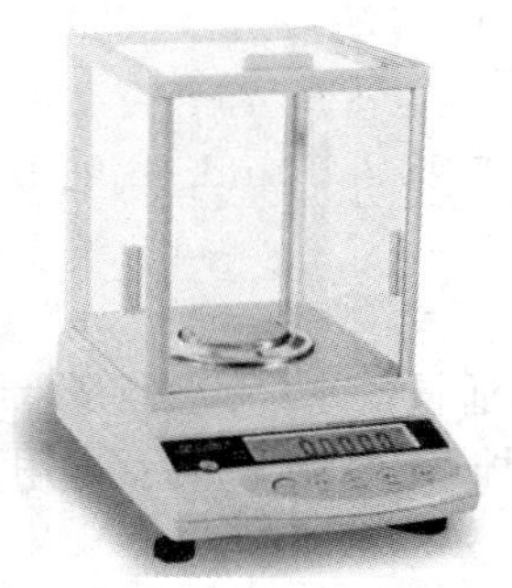

图 1.2 电子天平示意图

[2] 容量瓶在使用前需要检查瓶塞是否严密。检查方法如下：往瓶中注入 2/3 左右容积的水，塞好瓶塞。用手指顶住瓶塞，另一只手托住瓶底，把瓶子倒立过来停留 2 min(图 1.1(b))，如果不漏水，再把瓶塞旋转 180°，重复上述操作。不漏水的容量瓶必须洗涤干净，并且瓶塞要用橡皮筋系在瓶颈上。

[3] 电子天平的使用：打开电子天平(图 1.2)，待天平稳定后，按 TAR 键清零，置容器于托盘上，天平显示容器质量，按 TAR 键，显示 0.0000 g，即去除皮重。再置称量物于容器中，或将称量物(粉末状物或液体)逐步加入容器中直至达到所需质量，待读数稳定，这时显示的是称量物的净质量。将托盘上所有物品移开后，天平显示负值，按 TAR 键，清零。若称量过程中托盘上的总质量超过最大载荷时，天平仅显示上部线段，此时应立即减小载荷。称量结束后，若较短时间内还使用天平(或其他人还使用天平)一般不用按 OFF 键关闭显示器，实验全部结束后，关闭显示器，切断电源。

[4] 吸量管(移液管)的使用：

① 清洗：用右手拇指和中指捏在移液管或吸量管刻度线以上的位置，食指松开，左手拿吸耳球，将移液管(吸量管)插入待吸液面下 1～2 cm 处吸取蒸馏水(图 1.3(a))，将蒸馏水慢慢吸入管内，直至球部的四分之一处时移出，荡洗、弃去。如此反复荡洗 3 次。再用待取液润洗，重复上述操作。

② 移液：右手拿着润洗过的移液管(吸量管)，插入液面下 1～2 cm 处，左手拿吸耳球按上述操作方法吸取溶液。当管内液面上升至刻度线以上 1～2 cm 处时，迅速用右手食指堵住管口，将移液管(吸量管)提出待吸液面。左手另取一干净小烧杯，将移液管管尖紧靠小烧杯内壁，小烧杯保持倾斜，使移液管保持垂直，稍稍松开食指，微微转动移液管(吸量管)，使管内溶液慢慢从下口流出，当溶液的弯月面底线放至与标线上缘相切为止，立即用食指压紧管口(图 1.3(b))。

将移液管(吸量管)直立，接收器倾斜约 30°，管下端紧靠接收器内壁，松开食指，让溶液沿接收器内壁流下，管内溶液流完后，保持放液状态停留 15 s(图1.3(c))，移走移液管。如果移液管未标“吹”字，残留在移液管末端的液体，不可用外力使其流出(图1.3(d))。如果在管身上标有“吹”字的，可用吸耳球吹出，不必保留。

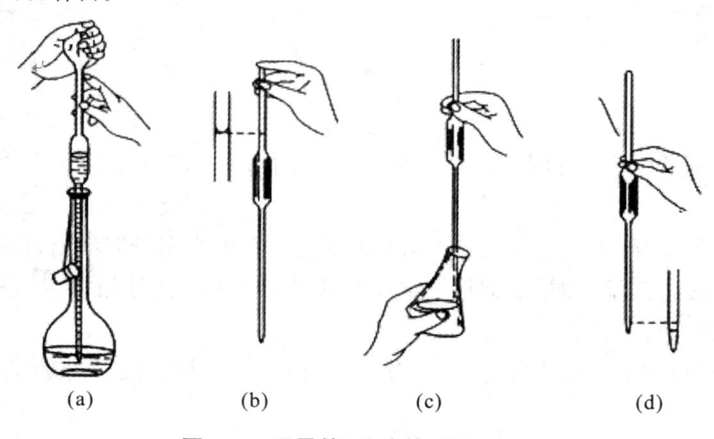

图 1.3 吸量管(移液管)操作图示

[5] 记录实验过程中的数据，应注意其有效数字的位数。例如：用托盘天平称重时，要求记录至 0.01 g；用电子天平称重时，要求记录至 0.0001 g；量筒的读数，应记录至 0.1 mL；移液管或者吸量管的读数，应记录至 0.01 mL。

实验二　水系统中部分指标的测试

水是常用的溶剂，其溶解能力很强，很多物质都易溶于水。水一般可分为天然水、自来水和纯净水。

天然水又可分为地表水（江、河、湖泊）、地下水（井水、泉水），其中含有很多杂质，按分散形态可分为三类（表 2.1）。

表 2.1　天然水中的杂质

杂质种类	杂质名称
悬浮物	泥沙、藻类、植物遗体等
胶体物质	黏土胶粒、腐殖质体等
溶解物质	Ca^{2+}，Mg^{2+}，Na^{+}，K^{+}，Cl^{-}，SO_4^{2-}，HCO_3^{-}，O_2 等

自来水是通过对天然水进行简单的物理、化学方法处理后得到的，虽然除去了悬浮物及部分无机盐类，但仍含有较多的杂质（气体及无机盐等）。因此，在化学实验中，自来水不能作为纯净水使用[1]。电导率、酸碱度及水中常见杂质离子浓度等是决定水纯度的主要指标，高质量的纯净水电导率很小，pH 值显中性，其大小可通过电导率仪和酸度计来测量，常见杂质离子可用化学试剂法来定性分析。

一、实验目的

(1) 了解酸度计、电导率仪的工作原理；
(2) 学会酸度计、电导率仪的使用；
(3) 掌握在实验室中检测水中杂质离子的化学方法。

二、实验原理

选取去离子水和天然水作对比试验，分别测试其电导率和 pH 值，并检测水样中主要离子（如 Ca^{2+}，Mg^{2+}，Cl^{-}，SO_4^{2-}）的成分，通过对这些指标的测试可以判断两份水样的不同纯度。

电导率仪的工作原理是两电极片间的溶液的导电能力大小与溶液中所含杂质的阴、阳离子总浓度大小直接相关[2]，水中杂质离子浓度越大，其电导率就越大，因此测定出电导率可间接反映水的纯度（如图 2.1 所示）。

理想纯水有极小的电导率。其电阻率在 25 ℃时为 $1.8\times10^{7}\ \Omega\cdot cm$（电导率为 $0.056\ \mu S\cdot cm^{-1}$）。

普通化学实验用水在 $1.0\times10^5\ \Omega\cdot cm$(电导率为 $10\ \mu S\cdot cm^{-1}$),若交换水的测定达到这个数值,即为符合要求。

酸度计也称 pH 计,它的工作原理是利用化学电池中,溶液酸碱度变化引起电势的变化,从而通过测量电动势的方法来测定 pH 值,酸度计由测量电极和精密电压表构成。测量电极包括参比电极(如甘汞电极)和指示电极(如玻璃电极)[3](如图 2.2 所示)。

三、仪器与试剂

1. 仪器

酸度计(pH 计),电导率仪,烧杯,试管,点滴板,洗瓶等。

2. 试剂

钙试剂(0.1%),镁试剂(0.1%),HNO_3($2\ mol\cdot L^{-1}$),NaOH($2\ mol\cdot L^{-1}$),$AgNO_3$($0.1\ mol\cdot L^{-1}$),$BaCl_2$($1\ mol\cdot L^{-1}$)等。

四、实验步骤

(1) 分别取天然水和纯净水 30 mL,置于 50 mL 烧杯中,按以下步骤测其 pH 值和电导率。

电导率测定

① 调节。将电导电极固定在电极架上,打开电源,将量程选择旋钮调至检查挡,调节温度旋钮至 25 ℃,将电极常数旋钮指针指向 1.0,调节校准旋钮,使数码管显示 100.0,再调节常数旋钮,使显示的数字与电极常数保持一致。

② 测量。调节温度旋钮,使其与溶液温度一致,将量程旋钮调至最高挡,电极用去离子水冲洗,并用滤纸吸干,然后放入待测溶液中,再选择合适的挡位。挡位的选择一般有两个原则,首先待测液电导率不能超过所选的量程,其次应选择一个与待测液电导率最接近的挡位。测得的数据是溶液在 25 ℃时的电导率。

③ 测量结束后,将挡位旋钮调至检查挡,关闭仪器电源,拔下电源插头。取出电极,用去离子水冲洗,再用滤纸吸干后放回盒中。

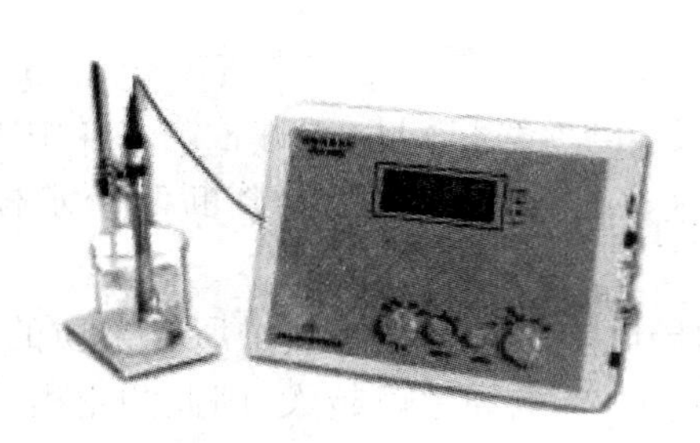

图 2.1 电导率仪示意图

图 2.2 酸度计示意图

pH 值测定

① 准备工作。使用前要检查复合电极前端的玻璃球泡是否正常，提前 24 h 将复合电极放入 1.0 mol · L^{-1} 氯化钾溶液中浸泡。

② 校正。打开电源开关，按“Mode”键，选择 pH 模式。将复合电极用去离子水冲洗干净，再用滤纸将电极上水吸干。将复合电极放回电极架上，插入 pH 值为 6.86 的缓冲溶液中，轻轻摇匀烧杯中的溶液，待读数稳定，按“Standardize”键进行校准，使酸度计度数恰好显示为 6.86。取出复合电极，再用去离子水冲洗并吸干。将电极插入 pH 值为 4.01 的缓冲溶液中，按“Standardize”键，使酸度计度数恰好显示为 4.01（如果测碱性溶液，应使用 pH 值为 10.00 的缓冲溶液）。

③ 测量。将校正后的复合电极取出，用去离子水冲洗，并用滤纸吸干。将电极插入被测溶液中，待所显示数字稳定后读取并记录。测量下个试样前仍然要净化电极并控干。测量完毕后，清洗电极，关闭仪器电源。若长期不用需加盖电极帽，并将电极和仪器放入盒内保存。

（2）分别取天然水、纯净水各 2 滴放入点滴板的圆穴内，按下表方法分别检验 Ca^{2+}，Mg^{2+}，SO_4^{2-} 和 Cl^-。将检验结果记录，填入下表，并根据检验结果作出结论。

五、现象记录

检验项目		电导率	pH	Ca^{2+}	Mg^{2+}	Cl^-	SO_4^{2-}	结论
检验方法		测电导率（μS · cm^{-1}）	pH 计	加入 2 滴 2 mol · L^{-1} NaOH 和 1 滴钙试剂溶液，观察有无红色沉淀生成	加入 2 滴 2 mol · L^{-1} NaOH 和 1 滴镁试剂溶液，观察有无天蓝色沉淀生成	加入 1 滴 2 mol · L^{-1} 硝酸酸化，再加入 2 滴 0.1 mol · L^{-1} 硝酸银溶液，观察有无白色浑浊生成	加入 2 滴 1 mol · L^{-1} $BaCl_2$ 溶液，观察有无白色浑浊生成	
样品水	天然水							
	纯净水							

六、思考题

（1）天然水中主要的无机盐杂质是什么？

(2) 用电导率仪测定水纯度的根据是什么?

注释

[1] 实验室纯水制取方法见绪论。

[2] 在温度、压力等条件恒定时,电解质溶液的电导 G 与其电导率 K(单位为 $\mu S \cdot cm^{-1}$)、长度 L 和横截面积 S 有如下关系,当 L、S 一定时,可通过样品的电导来间接反映出其电导率:

$$G = K \cdot \frac{S}{L}$$

[3] 玻璃电极是测量 pH 值的指示电极,电极内含一个很薄的玻璃泡(膜厚 60~100 nm),能响应氢离子的活度,玻璃泡内外产生的膜电势与氢离子活度有如下关系:

$$E_{膜} = K - \frac{RT}{nF}\text{pH}$$

当 T=25 ℃时,$E_{膜}=K-0.0592$ pH。

目前所用的酸度计已将玻璃电极和内参比电极(甘汞电极)合二为一组成一支 pH 复合电极,有些还包含温度补偿的传感器。一般情况下,复合电极不能用于测强酸、强碱溶液。电极前端的玻璃泡极薄,易破损,切忌与硬物接触,用后应及时加帽保护。

[4] 酸度计保存时应注意防潮,潮气会降低仪器的绝缘性、灵敏度、精确度、稳定性,同时更要防止接触化学药品及油污。

实验三 酸碱溶液滴定操作练习

酸碱溶液通过滴定,确定它们中和时所需的体积比,即可计算它们的浓度比。即如果其中一溶液的浓度已知,则另一溶液的浓度可求出。如酸(A)与碱(B)的中和反应:

$$aA + bB = cC + dH_2O$$

当反应达到化学计量点[1]时,则 A 的物质的量 n_A与 B 的物质的量 n_B之比为

$$n_A : n_B = a : b$$

又因为 $n_A = c_A \cdot V_A$和 $n_B = c_B \cdot V_B$,所以

$$c_A \cdot V_A = (c_B \cdot V_B)\frac{a}{b}$$

上式中,c_A,c_B分别为 A,B 的浓度($mol \cdot L^{-1}$);V_A,V_B分别为 A,B 的体积(单位为 L 或 mL)。

酸碱中和滴定的关键:一要准确测定出参加中和反应的酸、碱溶液的体积;二要准确判断中和反应是否恰好完全反应。为准确判断滴定终点,须选用变色明显、变色范围的 pH 值与酸碱中和反应的突跃范围[1]吻合的酸碱指示剂。酚酞和甲基橙是酸碱中和滴定时常用的指示剂,其变色范围的 pH 值分别是:8.2~10.0 和 3.1~4.4。

通常强酸中和弱碱时,选择甲基橙(变色范围 pH 在 3.1~4.4)为指示剂;强碱中和弱酸时,选择酚酞(变色范围 pH 在 8.2~10.0)为指示剂。由于石蕊试剂的变色范围(pH 在 5.0~8.0)较大,且变色不明显,在中和滴定时一般不用其作为指示剂。

在酸碱溶液滴定实验中主要使用的仪器是滴定管,滴定管是滴定时可准确测量滴定剂体积的玻璃量器。

滴定管分为酸式和碱式两种，酸式滴定管的刻度管和下端的尖嘴之间通过玻璃活塞相连（图 3.1(a)），主要用于盛装酸性、中性及氧化性溶液，但不适宜装碱性溶液，因为碱性溶液能腐蚀玻璃的磨口和旋塞。碱式滴定管的刻度管和下端的尖嘴之间通过医用橡皮管相连，在橡皮管中间部位有个玻璃小球（图 3.1(b)，(c)），主要用来盛装碱性、非氧化性的溶液，但不能装与橡皮起反应的溶液，如 $KMnO_4$、I_2 和 $AgNO_3$ 等溶液都不能加入碱式滴定管中。

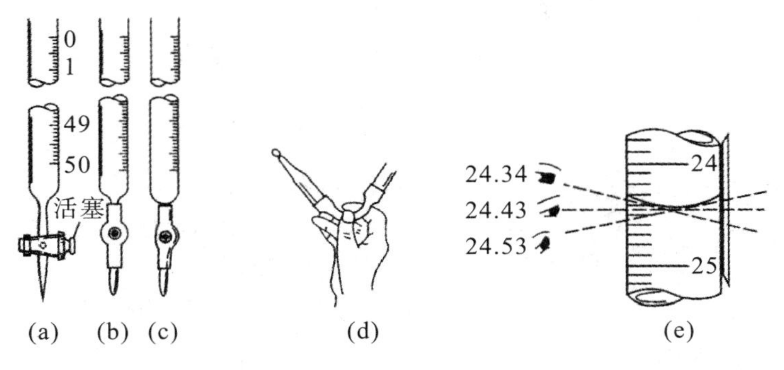

图 3.1　酸、碱滴定管操作图示

一、实验目的

(1) 掌握酸碱溶液滴定原理，指示剂选择及变色原理；

(2) 巩固容量瓶、移液管的基本操作；

(3) 学习酸碱滴定管的使用及滴定操作；

(4) 掌握滴定终点判断及滴定结果的数据处理。

二、实验原理

用 NaOH($0.1\ mol \cdot L^{-1}$)溶液和 HCl($0.1\ mol \cdot L^{-1}$)溶液相互滴定时，所消耗的体积比值 V_{HCl}/V_{NaOH} 应该是一定的，即改变被滴定溶液的体积，其体积之比应不变。

在实际实验中，准确浓度的氢氧化钠和盐酸溶液是无法直接配制的。因为氢氧化钠易潮解，易吸收空气中的二氧化碳，盐酸易挥发，所以都需要通过基准物质来标定其准确浓度。

本实验主要目的是利用酸碱溶液间的相互滴定，重在练习滴定操作。关于氢氧化钠和盐酸溶液准确浓度的标度本节课不作要求。

三、仪器与试剂

1. 仪器

移液管(25 mL)，碱式滴定管(50 mL)，酸式滴定管(50 mL)，锥形瓶(250 mL)，洗瓶等。

2. 试剂

HCl($0.1\ mol \cdot L^{-1}$)，NaOH($0.1\ mol \cdot L^{-1}$)，酚酞指示剂($2\ g \cdot L^{-1}$ 乙醇溶液)等。

四、实验内容

1. 滴定管使用前的准备

(1) 检漏。酸式滴定管洗净后,先关闭旋塞,将滴定管充满水,用滤纸在旋塞周围和管尖处检查是否漏水,然后将旋塞旋转 180°,直立两分钟,再用滤纸检查,如果漏水,需在旋塞处涂凡士林(图 3.2)。碱式滴定管使用前应先检查橡皮管是否老化,玻璃珠是否大小适当,若有问题,应及时更换。

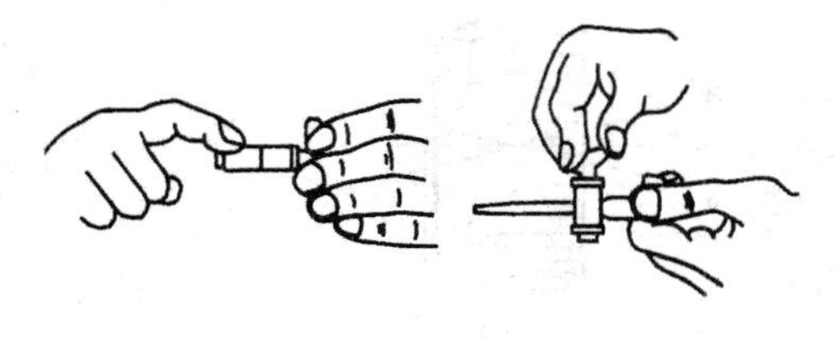

图 3.2 酸式滴定管的装配

(2) 洗涤。滴定管使用前必须要洗涤,先用自来水冲净,再用纯水洗 3 次,每次 5～10 mL。

(3) 润洗。用水清洗后的滴定管,在使用前还必须用待装液润洗 3 次,每次 5～10 mL,润洗后分别从滴定管的上下两端倒出润洗液。

(4) 装液,排气泡。待装液装入时可采用直接注入法,不能使用漏斗或其他器皿辅助。注入后检查酸式滴定管的活塞周围是否有气泡。若有,则右手拿住滴定管使它倾斜 30°,左手迅速打开活塞使溶液冲出,排出气泡。碱式滴定管排气泡的方法:将碱式滴定管管体竖直,左手拇指捏住玻璃珠,使橡胶管弯曲,管尖斜向上约 45°,挤压玻璃珠,使溶液挤出,以排除气泡(图3.1(d))。

2. NaOH 溶液滴定 HCl 溶液

(1) 将 NaOH 溶液(0.1 mol · L^{-1})装入已准备好的洁净碱式滴定管中,保证初读数在“0”刻度附近,静置 1 min,准确读数[2],并记录在表格中。

(2) 将洁净的 25 mL 移液管用 HCl 溶液荡洗 3 次后,准确移取 25.00 mL 的 HCl 溶液(0.1 mol · L^{-1})于 250 mL 锥形瓶中,滴加 2 滴酚酞指示剂,此时溶液应为无色。

(3) 用蝴蝶夹夹住滴定管并固定在大理石架(或铁架)上,保证滴定管离锥形瓶口约 1 cm。左手握住滴定管,拇指在前,食指在后,用其他指头辅助固定管尖。用拇指和食指捏住玻璃珠所在部位,向前挤压胶管,使玻璃珠偏向手心,溶液就可以从空隙中流出(图3.3)。右手三指拿住瓶颈,瓶底离台 2～3 cm,滴定管下端深入瓶口约 1 cm,微动右手腕关节摇动锥形瓶,边滴边摇使滴下的溶液混合均匀[3]。

控制滴定速度,液体流速由快到慢,起初可以“连滴成线”,之后逐滴滴下,快到终点时要半滴半滴[4]加入。当接近终点时,用洗瓶吹洗锥形瓶内壁,再继续滴定,直至再滴加半滴后溶液由无色变为淡粉红色,且 30 s 内不退色,即为滴定终点。准确读取滴定管中 NaOH 的体积,记录在表格中。按上述方法再平行滴定两次。

3. HCl 溶液滴定 NaOH 溶液

HCl 溶液滴定 NaOH 溶液的方法同上。酸式滴定管的使用是左手控制旋塞,拇指在前,食指中指在后,无名指和小指弯曲在滴定管和旋塞下方之间的直角中。转动旋塞控制滴定速度时,手指弯曲,手掌要空(图 3.3)。当滴定至溶液呈橙色时,即为滴定终点,记下读数,平行滴定 3 次。

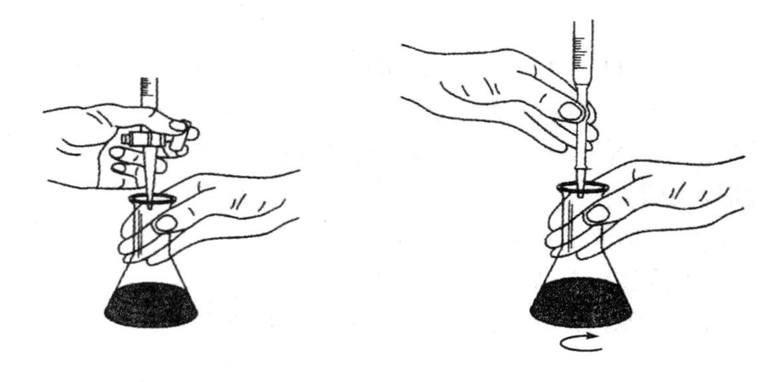

图 3.3　滴定操作

4. 结束实验

滴定结束后，滴定管内剩余溶液应弃去，洗净滴定管，夹在蝴蝶夹上备用。

五、数据记录[5]和处理

表 3.1　NaOH 溶液滴定 HCl 溶液

		Ⅰ	Ⅱ	Ⅲ
HCl 溶液的浓度($mol \cdot L^{-1}$)				
HCl 溶液净用量(mL)		25.00	25.00	25.00
NaOH 操作液	终读数(mL)			
	初读数(mL)			
	净用量(mL)			
V_{NaOH}/V_{HCl}				

表 3.2　HCl 溶液滴定 NaOH 溶液

		Ⅰ	Ⅱ	Ⅲ
NaOH 溶液的浓度($mol \cdot L^{-1}$)				
NaOH 溶液净用量(mL)		25.00	25.00	25.00
HCl 操作液	终读数(mL)			
	初读数(mL)			
	净用量(mL)			
V_{NaOH}/V_{HCl}				

六、思考题

(1) 滴定管和移液管均需用待装溶液荡洗三次的原因何在？滴定用的锥形瓶也要用待

装液荡洗吗?

(2) 如取 10.00 mL HCl 溶液,用 NaOH 溶液滴定测定其浓度,所得的结果与取 25.00 mL HCl 溶液的相比,哪一个误差大?

(3) 用 HCl 溶液滴定 NaOH 溶液时,以下情况对滴定结果有何影响?

① 滴定前滴定管中留有气泡。

② 滴定终点时,没有用蒸馏水冲洗锥形瓶的内壁。

③ 滴定完后,有液滴悬挂在滴定管的尖端处。

④ 滴定过程中有一些滴定液自滴定管活塞处渗漏出来。

注释

[1] 化学计量点是指标准溶液与被测物质定量反应完全时的那一点,滴定终点是指滴定过程中指示剂正好发生颜色变化的那一点。化学计量点是客观的,但是滴定终点受操作过程中各因素的影响,两者很难吻合。由于操作误差,滴定突跃指的是在化学计量点前后0.1%之内溶液浓度(pH、pM 等)的变化,所以,只要溶液在滴定突跃范围内能变色,滴定误差就可以控制在 0.1%之内。

[2] 读数时,加入溶液或滴定完后要静置 1 min,然后将滴定管从蝴蝶夹上取下,左手捏住上部无液处,保持滴定管竖直。视线与弯月面最低点刻度水平线相切。若是有色溶液,其弯月面不够清晰,则读取液面最高点(图 3.1e)。一般初读数为 0.00 刻度附近,以减小体积误差。

[3] 摇动锥形瓶方法:右手执锥形瓶颈部,手腕用力使瓶底沿顺时针方向画圆,要求使溶液在锥瓶内均匀旋转,形成漩涡,溶液不能有跳动,滴定管的尖嘴与锥形瓶不能接触。

[4] 半滴操作方法:从滴定管中小心放下半滴滴定液悬于尖嘴处,用锥形瓶内壁靠下,然后用洗瓶冲入锥形瓶内。也可采用倾斜锥形瓶的方法,将附于壁上的溶液涮至瓶中。这样可避免吹洗次数太多,造成被滴物过度稀释。

[5] 实验记录的每一个数据都是测量结果,所以,重复观测时,即使数据完全相同,也应记录下来。数据记录时,如果发现数据有误需要改动,可将数据用横线划去,并在其上方写出正确数据。

实验四 重 结 晶

从有机合成反应分离出来的固体粗产物往往含有未反应的原料、副产物及杂质,必须加以分离纯化。重结晶是实验室中常用的分离方法之一。

固体有机物在溶剂中的溶解度随温度的变化而改变,通常升高温度溶解度增大,反之则溶解度降低。利用溶剂对被提纯化合物及杂质的溶解度不同,或在同一溶剂中不同温度时的溶解度不同,将被提纯化合物与杂质分离的方法叫作重结晶。它适用于产品与杂质性质差别较大、产品中杂质含量小于 5%的体系。

重结晶一般步骤如下:①选择适宜的溶剂;②加热,溶解固体;③加活性炭,脱色;④趁热过滤,除去杂质;⑤冷却,结晶;⑥抽滤,洗涤;⑦干燥。

重结晶过程中溶剂的选择极为重要,要求溶剂具备下列条件:①不与被提纯物质起化学反应,且有适宜的沸点;②被提纯物质的溶解度必须随温度升降有明显正相关的变化;③被提纯物质能生成较整齐的晶体;④杂质在热溶剂中不溶(可趁热过滤除去)或在冷溶剂中易溶(待结晶后分离除去);⑤价廉易得,毒性低,回收率高,操作安全。

在选择溶剂时是根据“相似相溶”原理,溶剂往往易溶于结构与其相似的溶剂中。一般来说,极性的溶剂溶解极性的固体,非极性溶剂溶解非极性固体。具体操作要根据试验结果找到合适的溶剂,其方法为:0.1 g 待重结晶固体于试管中,加入 3～4 mL 被选择溶剂,如果加热时能溶解,冷却时能析出晶体,则认为该溶剂合适,否则不能作为最佳溶剂。常用的溶剂为水、乙醇、丙酮、氯仿、石油醚、乙酸和乙酸乙酯等。如果单种溶剂不能达到要求,可选用混合溶剂(一般由两种能以任何比例互溶的溶剂组成,其中一种极性较大,另一种极性较小)。常用的混合溶剂有乙醇和水、乙醇与丙酮、乙醇与氯仿、乙醚与石油醚等。

当选择了合适的溶剂后,溶剂的用量也比较关键。溶剂少不能全部溶解,溶剂多溶解后难于析出;如按照计算用量,在热过滤时,由于溶剂的挥发和温度的降低导致晶体析出,不利于杂质分离。因此,溶剂的用量通常是在计算用量基础上再多加 20%溶剂用量。

一、实验目的

(1) 学习重结晶法提纯固体有机化合物的原理和方法;

(2) 掌握重结晶、抽滤(减压过滤)等操作。

二、实验原理

固体混合物在溶剂中的溶解度与温度有密切关系。一般是温度升高,溶解度增大。若把固体溶解在热的溶剂中达到饱和,冷却时由于溶解度降低,溶液变成过饱和而析出晶体。利用溶剂对被提纯物质及杂质的溶解度不同,可以使被提纯物质从过饱和溶液中析出,而让杂质全部或大部分仍留在溶液中(若在溶剂中的溶解度极小,则可在配成饱和溶液后被过滤除去),从而达到提纯目的。

三、仪器与试剂

1. 仪器

烧杯,玻璃棒,酒精灯(或电热套),石棉网,短颈玻璃漏斗,热滤漏斗,循环水真空泵,抽滤瓶,布氏漏斗,定性滤纸等。

2. 试剂

乙酰苯胺(自制或粗制),活性炭等。

四、实验步骤

(1) 选择水作为乙酰苯胺重结晶的溶剂,计算重结晶所需溶剂的用量(乙酰苯胺 100 ℃时溶解度 5.5 g/100 mL,25 ℃溶解度 0.53 g/100 mL)。

(2) 称取 3 g 粗制的乙酰苯胺置于 250 mL 烧杯中,加入适量的纯水,在石棉网上加热至沸腾，用玻璃棒搅拌使固体溶解，若有固体尚未完全溶解，可继续加少量热水，至完全溶解，再多加一定量的水。稍冷后加入少量活性炭（0.05～0.1 g）[1]，搅拌后继续加热煮沸 5～10 min。趁热过滤[2]。

(3) 将预先折叠好的一菊花滤纸[3]放入热滤漏斗中，并用少量水润湿。热溶液通过菊花滤纸转移至热滤漏斗中，除去难溶物（杂质），用 150 mL 锥形瓶收集滤液。在过滤过程中，注意热滤漏斗和溶液均应保温，以免冷却[4]。

(4) 滤液用冰水浴冷却，待晶体完全析出，减压过滤（抽滤）[5]，析出的晶体用少量水洗涤、干燥、称量，计算重结晶的回收率。

五、思考题

(1) 加热溶解待重结晶的粗产物时，为什么先加入溶剂的量要比计算量略少？然后逐渐添加至恰好溶解，最后再加少量的溶剂，为什么？

(2) 用活性炭脱色为什么要待固体物质完全溶解后才能加入？而不能在溶液沸腾时加入？

(3) 使用布氏漏斗过滤时，如果滤纸大于漏斗瓷空面时会产生什么后果？

(4) 抽滤结束时，如先关闭水泵会有什么现象产生？

(5) 请归纳重结晶操作的关键步骤。

注释

[1] 活性炭起脱色作用，一般对水溶液脱色较好，对非极性溶剂脱色效果较差。使用活性炭时注意用量，并非越多越好，因为活性炭在脱色过程中还会吸附部分产物。一般用量为待提纯物质量的 1%～5%。

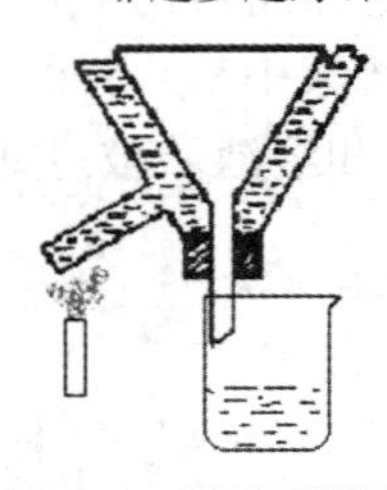

图 4.1 热过滤装置示意图

[2] 过滤有常压过滤（一般过滤、热过滤）、减压过滤（抽滤）。有些物质温度对其溶解度的影响极为敏感，如乙酰苯胺溶液温度稍有降低，立即会从溶液中析出。为了滤除溶液中所含的其他难溶性杂质，常使用热滤漏斗进行过滤。热过滤装置见图 4.1，将预热的短颈粗径玻璃漏斗置于铜质热滤漏斗内，热水漏斗套的两壁内充满沸水，并在热滤漏斗侧管放一酒精灯加热保温。

如没有热滤漏斗也可以用短颈粗径玻璃漏斗直接过滤，其方法是：将短颈粗径玻璃漏斗提前放置 100 ℃烘箱中预热，需用时取出（注意：戴棉纱手套，防止烫手！），连同菊花滤纸直接放在锥形瓶口上方。

[3] 折叠滤纸又叫菊花形滤纸，能提供较大的过滤表面，使过滤加快，同时可减少在过滤时析出结晶的机会。其折叠方式如图 4.2 所示。

[4] 热过滤时，可将保温的溶液（用小火或预热保温），少量、多次转移至漏斗中。如一次性的转移量较多，可能会因降温析出的固体留在滤纸面上，从而堵住漏斗颈部影响过滤。因此，在转移热溶液时必须进行少量、多次操作。

[5] 抽滤（图 4.3），又称为减压过滤，其装置是由布氏漏斗（瓷质，底部有许多小孔，常用于抽气过滤）、抽滤瓶（盛装滤液）、安全瓶及循环水真空泵（用于减压，图 4.4）组成。布氏漏斗以橡皮塞与抽滤瓶相连，漏斗下端斜口正对抽滤瓶支管，抽滤瓶的支管上套上橡皮管，与安全瓶连接，再与水泵相连。在布氏漏斗上铺好一张比漏斗底部略小的圆形滤纸，过滤前先用溶剂润湿，打开水泵，关闭安全瓶活塞，抽气，使滤纸紧紧贴在漏斗上，将要过滤混合物倒入布氏漏斗中，使固体物质均匀分布在整个滤纸上，继

续抽气尽量除去母液。当布氏漏斗下端不再滴出母液时，注意先打开安全瓶活塞，再关闭水泵。

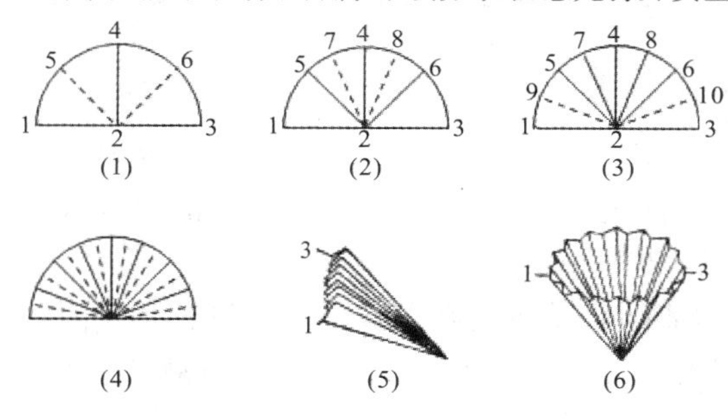

图 4.2　折叠滤纸的折叠顺序

图 4.3　抽滤装置示意图

图 4.4　循环水真空泵

实验五　熔点的测定

熔点是化合物的重要物理常数之一。纯净的固体化合物一般都有固定的熔点，且熔程（固体刚刚开始熔化到全部熔化的范围）不超过 1 ℃。如含有杂质，则其熔点往往较纯物质低，熔程也较长。因此可以通过测定熔点来鉴定有机化合物，并根据熔程来检验其纯度。

实验室中测熔点的方法很多，最常用的方法有毛细管法（提勒管法，Thiele）和显微熔点仪法。

毛细管法是利用提勒管（又称 b 形管，也叫熔点测定管）进行熔点测定。其装置主要是由 b 形管、温度计、毛细管、酒精灯等组成。此法因温度计的位置和加热部位的变化而影响测定的准确度，因此一般至少要有两次重复的数据，为此，重复操作至少要两次以上。毛细管测熔点关键之一就是控制好加热速度。

显微熔点测定法是利用显微熔点仪或精密显微熔点仪进行物质熔点测定。显微熔点仪的型号较多，其特点是样品测定用量少（2～3 粒小晶体），能精确测量室温至300 ℃的样品的熔点，可在显微镜下观察固体物质熔化过程。

一、实验目的

（1）了解熔点测定的原理和意义。

(2) 学会并掌握毛细管法和显微熔点法测固体物质熔点的方法。

二、实验原理

熔点是指物质在常温、常压下,由固相转变为液相时的温度,即是该物质的固、液两态在标准大气压下处于平衡共存时的温度。

测定熔点就是测定固体物质受热从固态转变为液态且共存时的温度。小于这个温度物质是以固态存在,超过这个温度,固体会全部熔化变为液体;固液共存时才是平衡态(图5.1)。这就是纯化合物具有敏锐熔点的原因。

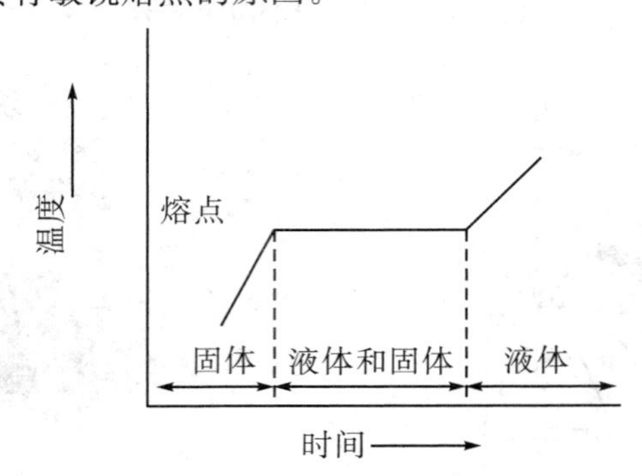

图 5.1 相随着时间和温度变化

三、仪器与试剂

1. 仪器

显微熔点仪,提勒管(b形管),毛细管,缺口橡皮塞,表面皿,玻璃棒,温度计,滤纸等。

2. 试剂

乙酰苯胺(或其他待测样品),甘油,乙醚。

四、实验步骤

1. 毛细管法测熔点

(1) 装样品。取0.1~0.2 g干燥样品,放在干净的表面皿或玻璃片上,用玻棒研成粉末,聚成一堆,将毛细管(内径1 mm、长60~70 mm、一端封闭)的开口端插入样品堆中,使样品挤入管内,把开口一端向上竖立,轻敲毛细管使样品落在管底;也可把装有试样的毛细管从一根长约30 cm的玻璃管中自由掉到表面皿上,利用这种自由落体运动的冲击力,使样品落到底部,如此重复数次,使样品装得紧密,直至样品高度达2~3 mm即可。操作要迅速,防止试样吸潮。装入的试样要结实,受热时才均匀。如果有空隙,不易传热,影响结果。

(2) 安装测熔点装置(如图5.2所示)。将b形管夹在铁架台上,并在管内注入甘油至高出上侧管时即可。b形管口配一缺口单孔橡皮塞,用橡皮圈将毛细管紧固在温度计上,已装好样的毛细管紧贴温度计的水银球的中部，并将温度计连同附在一起的毛细管插入橡皮孔中，刻度面向缺口，温度计插入提勒管中的深度以水银球恰好位于提勒管两侧管中部为准，酒精灯位于b形管的侧部。

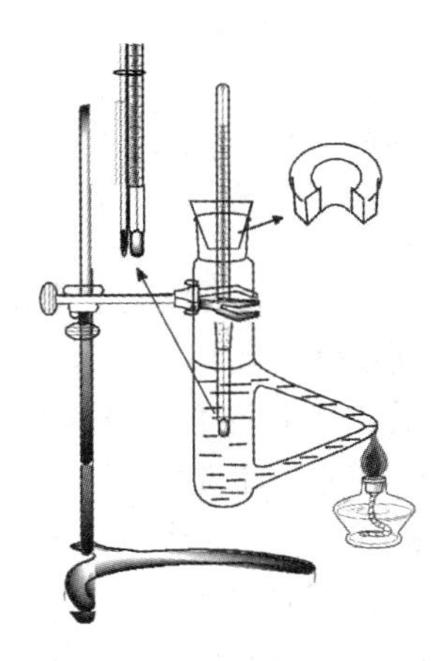

图 5.2　毛细管法测熔点装置

(3) 加热测定。一般应先粗测化合物的熔点，再作精确测定(已知化合物的熔点可不必粗测)。加热时火焰必须与侧管的倾斜部分接触，这样管内液体因温度差而发生对流作用，使管内液体受热均匀。测定时应严格控制加热速度：开始加热时，升温速度4～6 ℃/min；距熔点约10 ℃时，升温速度1～2 ℃/min；接近熔点时，升温速度0.2～0.3 ℃/min。这样可以减少测定误差，此时应特别注意温度的上升和毛细管中试样的情况。当毛细管中试样开始塌落有湿润现象和出现小滴液体时，表示试样已开始熔化，为初熔，记下温度；继续微热至微量固体试样消失成为透明液体时，为终熔。初熔至终熔的温度范围称为熔程。

重复操作3次，每次浴液需更换熔点管，并将浴液降温至熔点值下40 ℃再重复。

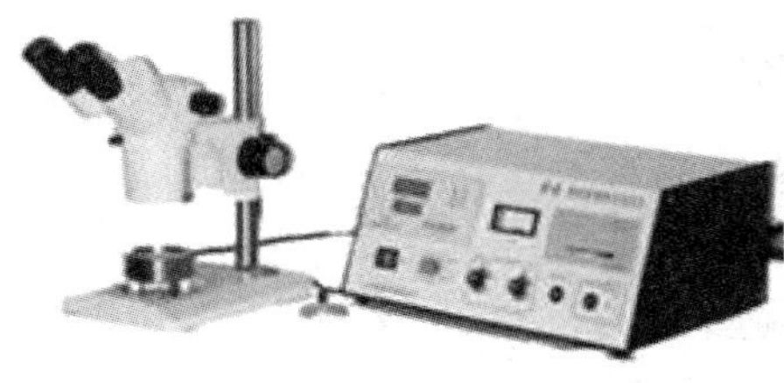

图 5.3　显微熔点测定仪

(4) 拆卸装置。测量结束，拆下b形管，取下温度计并让其自然冷却至室温，用水冲洗后放回原位。甘油冷却后倒回指定瓶中。

2. 显微熔点测定法(图 5.3)

取微量待测固体放在洁净(可用无水乙醚擦洗)的载玻片上，把载玻片放在加热台上。调节反光镜、物镜和目镜，使显微镜焦点对准样品，并清晰可见。通电加热，控制加热温度，加热时先快速后慢速，温度升高到熔点前15 ℃左右时，控制温度上升速度，不超过2 ℃/min。仔细观察样品变化，当样品晶体的棱角开始变圆时，表示熔化已开始，记录初熔温度；晶体形状完全消失变为液体时表明完全熔化，记录终熔温度。

五、思考题

(1) 测定过熔点后的毛细管及样品，是否能够用来再次测定？为什么？

(2) 在熔点测定时，为什么接近熔点时升温速度要减慢？

(3) 测定熔点时，遇到下列情况之一，将产生什么后果？

① 毛细管不洁净；

② 样品研得不细或装得不紧密；

③ 样品未干燥或含有杂质；

④ 样品装得过多。

实验六　液-液萃取

萃取,从广义上来定义,就是将物质从被溶解或悬浮某相中转移到另一个相中的过程。利用萃取可以从固体或液体混合物中提取出所要物质,也可以用来除去混合物中少量杂质,通常将前者称为“提取”、“抽提”或“萃取”,后者称为“洗涤”。洗涤实际上也是一种萃取,两者在原理上是一样的,只是目的不同。萃取方法很多,根据被萃取物的形态,主要分为液-液萃取和固-液萃取。本次实验介绍的是液-液萃取。

实验室中,进行液-液萃取最常用的仪器是分液漏斗。分液漏斗有圆球形、梨形等(见图6.1),分液漏斗的形状越长,振摇后两相分层需要的时间越长。因此,当两相密度相近时宜选用梨形分液漏斗。

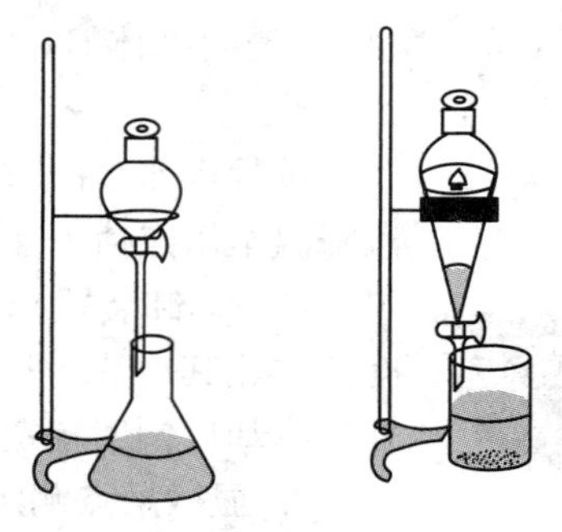

图 6.1　分液漏斗支架装置

一、实验目的

(1) 了解液-液萃取原理和意义;

(2) 学习分液漏斗使用方法及液-液萃取操作。

(3) 理解并掌握回收四氯化碳的方法。

二、实验原理

液-液萃取是利用物质在两个互不相溶的溶剂中溶解度或分配比不同,使混合物中某一组分从一种溶剂转移到另一种溶剂中的过程。

如假设 X 溶于溶剂 A 中形成 X-A 溶液,如将 X 从中萃取出来,可选 B 作溶剂。但前提是:(1) X 在溶剂 B 中溶解度不仅极好,且远大于 X 在溶剂 A 的溶解度;(2) B 与 A 互不相溶,且 B 不与 X 发生化学反应。

如在盛有 X-A 溶液的分液漏斗中,加入溶剂 B,在充分振荡混合后,由于 A 与 B 不相混溶,故分为两层。此时,在一定条件下,X 在互不相溶的 A 和 B 两相间的浓度比为一常数,叫作分配系数,用 K 表示,这种关系叫作分配定律。用公式表示:

$$\frac{\text{X在溶剂B中的浓度}}{\text{X在溶剂A中的浓度}}=K(\text{分配系数})$$

分配系数 K 可以看作被萃取组分 X 在两溶剂(A、B)中溶解度之比。由分配关系式可知，分配系数越大，萃取分离的效果越好。可见，选择合适的萃取剂[1]对萃取效果影响极大。

根据分配原理[2]，通常一次萃取是不可能达到“提取”“分离”目的，显然，多次萃取比一次萃取效率高，对于一定体积的溶剂一般采用三次萃取比较适宜[3]。

本次实验选用四氯化碳溶液萃取碘水中的碘。四氯化碳与水互不相溶，25 ℃时，碘在水中溶解度是 0.034 g，在四氯化碳中的溶解度是 2.9 g，可见，碘在四氯化碳中的溶解度远大于在水中的溶解度。因而，选用四氯化碳作萃取剂时，碘极易从水中转移至四氯化碳溶液中。

四氯化碳是有毒溶剂，不能随意排放。萃取后的四氯化碳溶液因为含有碘，可经过碱液处理后再回收、利用。

化学反应方程式：

$$3I_2+6NaOH=\!=\!=5NaI+NaIO_3+3H_2O$$

三、仪器和试剂

1. 仪器

梨形分液漏斗，铁架台，十字夹，铁圈，量筒，烧杯，胶头滴管等。

2. 试剂

碘水溶液(饱和)，四氯化碳，氢氧化钠溶液(0.1 mol・L^{-1})等。

四、实验步骤

1. 用四氯化碳萃取碘水中的碘

(1) 如图 6.1 所示装好分液漏斗支架装置；对分液漏斗进行检漏[4]。

(2) 将已经检漏好的 60 mL 分液漏斗放置在铁圈中，分别取 20 mL 的碘水溶液(饱和)、5 mL 四氯化碳从顶口倒入分液漏斗中，塞上玻璃塞。取下分液漏斗，用右手手掌或食指顶住漏斗上部的塞子，左手握住活塞处，大拇指压紧活塞，防止漏斗内液体因在混合过程中产生的气体压力将塞子顶出(图 6.2)。然后把漏斗放平，前后摇动或做圆周运动，使漏斗内液体充分混合。开始时动作要慢，振摇几次后，左手朝上、右手朝下倾斜，用左手拇指和食指旋开活塞放气，释放出漏斗内的压力，如此重复几次放气[5]。

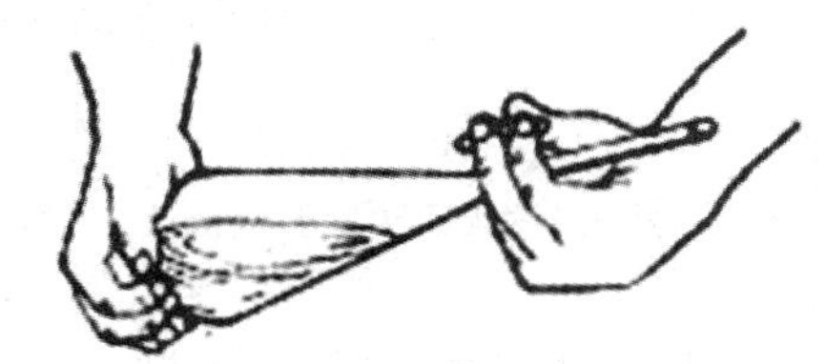

图 6.2　分液漏斗的握法

(3) 当压力很小后，再振摇 2～3 min 后，将漏斗放置在铁圈上，打开顶塞，使漏斗内部与大气相通。静置，观察混合液的颜色变化。慢慢旋开活塞，进行分液，放出下层紫色液体，收集于锥形瓶中。当液层接近放完时要放慢速度，一旦放完则要迅速关闭旋塞，上层液体保留至分液漏斗中(为什么?),继续用四氯化碳再萃取上层液两次,合并收集下层有机相液体于锥形瓶中[6],待回收;上层液由分液漏斗顶口倒出(是否可直接排放?)。

2. 四氯化碳回收

(1) 将收集的下层紫色液体(约 15 mL)及 5 mL 浓度为 0.1 $mol \cdot L^{-1}$ NaOH 溶液依次倒入 60 mL 分液漏斗中,振摇混合后,静置、分层,观察混合液的颜色变化(由紫红色逐渐变浅红至无色),分离出四氯化碳层和水层。再用 5 mL 碱液重复处理四氯化碳层 2 次,合并四氯化碳层和水层溶液(待处理)。

(2) 分离得到四氯化碳溶液再转移至分液漏斗中,加入 5 mL 蒸馏水重复洗涤 3 次(为什么?),收集合并下层四氯化碳溶液,用少许无水 $CaCl_2$ 干燥,待用。

(3) 分液漏斗使用后用水冲洗干净,用薄纸包裹活塞后插进漏斗孔中,放回原位。

五、思考题

(1) 选择萃取溶剂有哪些原则?

(2) 在有机化学实验中,分液漏斗的主要用途有哪些?

(3) 使用分液漏斗时应注意哪些问题?

(4) 为什么被萃取溶液连同萃取溶剂放在漏斗中总体积最好不超过 1/2?

注释

[1] 萃取剂的选择对萃取效果影响很大,选择萃取剂应考虑以下几点:①萃取剂与原溶液不互溶,且对提取物质的溶解度要大,即 K 值要大;②萃取剂与原溶液、提取物不发生反应,沸点较低,易于回收;③萃取剂的密度、毒性、易燃性及价格等因素也要予以考虑。

[2] 设在 V mL 的水中溶解 W_0 g 的物质,每次用 S mL 与水不互溶的有机溶剂重复萃取。如 W_1 g 为被萃取一次后留在水中的物质量,则在水中的浓度和在有机相中的浓度分别为

$$\frac{W_1/V}{(W_0-W_1)/S}=K \quad 或 \quad W_1=W_0\cdot[KV/(KV+S)] \qquad ①$$

令 W_2 g 为萃取两次后在水中的剩留量,则有

$$\frac{W_2/V}{(W_1-W_2)/S}=K \quad 或 \quad W_2=W_1\cdot[KV/(KV+S)]=W_0\cdot[KV/(KV+S)]^2 \qquad ②$$

显然,在萃取几次后的剩留量 W_n 应为

$$W_n=W_0\cdot[KV/(KV+S)]^n \qquad ③$$

由③式可知 $KV/(KV+S)$ 恒小于 1,所以 n 越大,W_n 就越小,也就是说把一定量的溶剂分成若干份进行多次萃取分离效果好。

[3] 萃取次数也有一个极限,萃取次数多,会增加分离操作时的损失和溶剂浪费,所以对于一定体积的溶剂一般萃取 3 次为宜,不超过 5 次。

[4] 使用分液漏斗时应选择容积较液体体积大一倍以上的分液漏斗。当选用分液漏斗活塞为玻璃材质时,使用前把活塞擦干,在离活塞孔稍远处薄薄地涂上一层润滑脂(与滴定管涂抹方式相同),涂好后将活塞插入塞口,使润滑脂均匀分布,看上去透明,再用橡皮圈固定活塞。注意上口的塞子不能涂抹润滑脂,以免污染从上口倒出的溶液。然后在漏斗中放入水,检查上下两个塞子是否渗漏,确认不漏水时方可使用。

[5] 放气时，支管口不要对着有人、有火处，尤其是使用石油醚、乙醚等低沸点的溶剂(或用酸、碱溶液洗涤产生气体)时，更应该及时放气，以防漏斗内气压过大，顶开塞子使液体喷出。

[6] 分液时应该正确判断有机相和水相，一般是根据溶剂密度来确定。通常要对萃取得到的有机相进行一系列的处理，如干燥、蒸馏、回收萃取剂等。

实验七　蒸馏及常量法测沸点

液体有机混合物的分离和纯化，溶剂浓缩与溶剂回收等，经常采用蒸馏的方法来完成。蒸馏包括常压蒸馏(简单蒸馏)、减压蒸馏、水蒸气蒸馏等。

蒸馏是实验室中常用的一种分离技术，除了常用于分离外，还有以下三个作用：① 除去液体混合物中含有的不挥发杂质；② 液体浓缩及溶剂回收；③ 测定纯液体沸点。

沸点是液体有机化合物的重要物理常数之一。纯净的液体有机物通常都有恒定的沸点(恒沸物[1]除外)，通过沸点的测定，可以初步判断液体的纯度。

一、实验目的

(1) 了解蒸馏的原理及沸点的意义；

(2) 掌握蒸馏装置仪器选择及蒸馏操作；

(3) 掌握常量法测定沸点方法。

二、实验原理

1. 沸点

由于分子运动，液体的分子有从表面逸出的倾向，这种倾向随着温度的升高而增大。如果把液体置于密闭的真空体系中，液体分子则不断逸出而在液面上部形成蒸气，最后使得分子由液体逸出的速度与分子由蒸气中回到液体中的速度相等。此时液面上的蒸气达到饱和，称为饱和蒸气。它对液面所施加的压力称为饱和蒸气压。

随着温度的升高，蒸气压将增大，当蒸气压和大气压相等时，液体内部的蒸气可以自由地逸出液面，因而出现了“沸腾”现象，此时的温度称为液体的沸点。

用蒸馏来测定液体沸点的方法叫常量法，此法一般需要样品量不少于 10 mL，不适用于受热易分解的物质。当样品量较少时，需要采用微量法测定沸点[2]。

2. 蒸馏

液体加热至沸腾成为蒸气，蒸气通过冷凝又成为液体，前者称为蒸发过程，后者称为冷凝过程。蒸发与冷凝这两个过程的联合操作，叫作蒸馏。

蒸馏是利用混合液体或液-固体系中各组分沸点不同的原理，将易挥发和不易挥发的物质分离，也可将沸点不同的液体混合物分离开来。之所以能分离，是由于混合物的各组分具有不同的挥发度。当液体混合物沸腾时，低沸点组分优先蒸发，沸点高的随后蒸出，不挥发的留在器皿内。

对于沸点高、受热易分解的物质，不能用常压蒸馏法分离，可用减压蒸馏或水蒸气蒸馏来分离提纯(减压蒸馏、水蒸气蒸馏将在后面的学习中介绍)。

用蒸馏进行分离时，对于组分沸点相差较大的液体混合物分离效果较好。这是因为组分沸点相近，蒸气压也接近，当蒸发时各种组分的蒸气将被同时蒸出，只不过沸点低的多一些。因此，蒸馏常用于组分沸点温度相差 30 ℃或 30 ℃以上的液体混合物的分离。

三、仪器与试剂

1. 仪器

酒精灯或电热套，石棉网，圆底烧瓶，蒸馏头，温度计，螺口接头，冷凝管，橡皮管，接引管，锥形瓶，沸石等。

2. 试剂

乙醇-水、甲醇-水或丙酮-水等。

四、实验步骤

1. 蒸馏装置

蒸馏装置是由蒸馏(热源、蒸馏瓶、温度计)、冷凝(冷凝管)、接收(接引管、接收器)三个部分组成(图 7.1)。

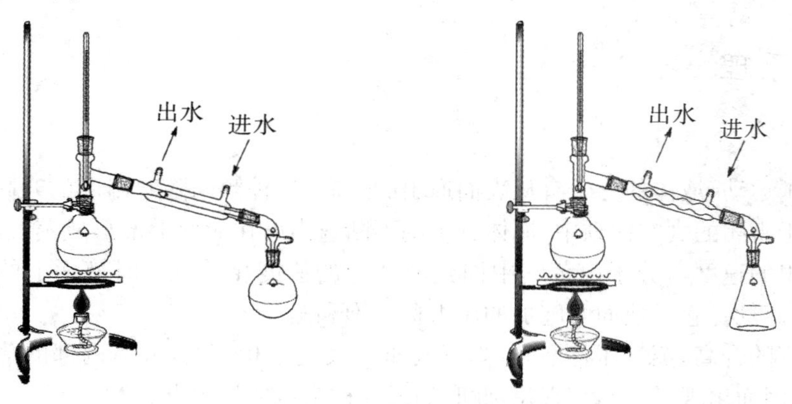

图 7.1 蒸馏装置图

(1) 蒸馏部分是由热源(电热套或酒精灯等)、蒸馏瓶(圆底烧瓶、蒸馏头)、温度计组成。圆底烧瓶先用铁夹将其固定在热源的上部，当热源采用酒精灯时，要根据酒精灯火焰的高低依次安装铁圈、石棉网、烧瓶。注意瓶底应距石棉网底部 1～2 mm，不要触及石棉网；如用水浴、油浴或加热套时，瓶底应距水浴(或油浴)锅底或加热套内套底部 1～2 cm。蒸馏瓶液体体积不能超过 2/3，也不能少于 1/3。温度计是由螺口接头固定后插在蒸馏头上部，保持水银球的上沿与蒸馏头支管的下沿平齐(图 7.2)。

(2) 冷凝部分是由冷凝管构成。冷凝管[3]是由铁夹固定在铁架台适当的位置(既要与蒸馏头紧密连接，又要与蒸馏部分的整体装置协调、平稳)，冷凝管外部有上、下两个侧管，下侧管为进水口，用橡皮管连接自来水龙头，上侧管为出水口，套上橡皮管通向下水口，上端的出水口应向上，才能保证套管内充满水。

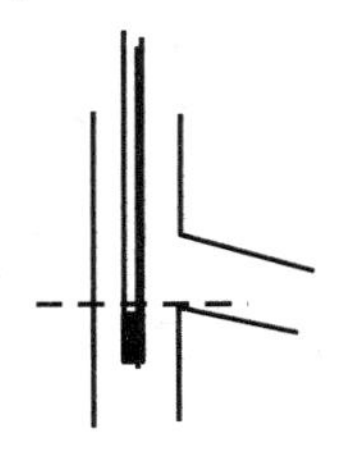

图 7.2　温度计水银球的位置图

(3) 接收部分是由接引管和接收器组成，常用的接收器为：锥形瓶、圆底烧瓶等。仪器在组装时要遵循自下而上、从左到右的原则。整套仪器要做到准确，不论从侧面或正面看上去，各个仪器的中心都要在一直线上。

2. 蒸馏操作

(1) 加料：取 30 mL 50％乙醇(乙醇-水，体积比 1∶1)溶液通过玻璃漏斗小心倒入 50 mL圆底烧瓶中，并加入 2～3 粒沸石[4]。加样完毕后，恢复原装置，检查装置的密闭性。

(2) 加热：加热前，小心打开自来水龙头使水充满冷凝管，然后开始加热。最初宜用小火，以免圆底烧瓶因局部受热而爆裂；慢慢增大火力使之沸腾，进行蒸馏。然后调节火焰或调整电热套电压，使蒸馏速度以每秒 1～2 滴流出液为宜[5]。在蒸馏过程中应使温度计水银球常有冷凝的液滴润湿，此时温度计的读数就是被测液体的沸点。记下读数，收集馏分。若温度不变，继续维持加热速度，直至不再有馏出液蒸出，或温度又突然下降时，表明该段组分已经被蒸完，再次记录温度计读数并停止加热[6]。

3. 数据记录与讨论

量取接收瓶中蒸出液体体积，计算收率；记录乙醇沸点测量范围(即沸程)。

五、思考题

(1) 在进行蒸馏操作时从安全和效果两方面考虑应注意哪些问题？

(2) 在蒸馏装置中，把温度计水银球插在蒸馏头支管口偏上或偏下，测量结果有何影响？为什么？

(3) 蒸馏时为何要放沸石？如果加热后发觉未加沸石时如何处理？沸石用过后能否重复使用？为什么？

(4) 冷凝管通水是由下而上，反过来效果怎样？把橡皮管套进冷凝管侧管时，怎样才能防止折断其侧管？

(5) 当加热后有馏出液出来时，才发现冷凝管未通水，能否立即通水？

(6) 如果加热速度过快，测定出来的沸点是否正确？为什么？

注释

[1] 恒沸物又叫共沸物，不是纯粹物质，它具有一定沸点和组成，不能借助普通蒸馏法分离。如用蒸馏分离乙醇一水混合物，只能分离提纯至95%，因为95%乙醇为共沸物。

[2] 微量法：装置与毛细管测熔点相同（见实验五），不同的是待测液倒入沸点管（口径约5 mm一端封口的玻璃管）中约1 cm处，然后将毛细管开口端插入待测液中，再将沸点管与温度计用橡皮圈绑到一起插到b型管中。加热至沸点管中出现大量连串气泡时停止加热，当最后一个气泡逸出时记下此时温度即沸点。

[3] 蒸气在冷凝管中冷凝成为液体，液体的沸点高于130 ℃的用空气冷凝管，低于130 ℃时用直形冷凝管，液体沸点很低时，可用球形冷凝管。

[4] 在蒸馏烧瓶中放少量沸石（或碎瓷片），加热时可防止液体暴沸，故又将它们称为止爆剂。

[5] 加热速度过快分离效果差，沸点测定的数据偏高。

[6] 注意：不能蒸干！蒸馏完毕，先停止加热，后停止通水，再拆卸仪器，拆卸顺序与装配相反，即从右到左，从上到下。

实验八 分 馏

液体混合物中各组分沸点接近，用一次简单的蒸馏难以得到精确分离，可借助分馏柱进行分离，该方法称为分馏。目前精密的分馏设备能将沸点相差1～2 ℃的混合物分开，该法避免了重复多次的简单蒸馏操作，这种方法省时间，又不会浪费物料，可以一次完成混合物的分离。所以，分馏即是多次反复简单蒸馏，在实验室和化学工业中被广泛应用。

分馏操作一般包括常压分馏和减压分馏。由于分馏柱构造不同，使分馏装置有简单分馏与精密分馏、常压分馏与减压分馏之分。

常用的分馏柱有填充式分馏柱、刺形分馏柱（即韦氏分馏柱）等。填充式分馏柱是在柱内填充各种惰性材料，以增加表面积，填料包括玻璃珠，玻璃管，陶瓷和螺旋形、马鞍形、网状等各种形状的金属片或金属丝，优点是分馏效率高，适合分离一些沸点差距较小的混合物。韦氏分馏柱结构简单，且较填充式分馏柱粘附的液体少，缺点是分馏效率不及同样长度的填充式分馏柱，适合于分离少量且沸点差距较大的液体。

一、实验目的

（1）理解分馏的原理和意义；

（2）学习并掌握分馏操作。

二、实验原理

分馏原理与蒸馏类似，是利用液体混合物各组分沸点不同通过蒸发、冷凝多次热交换而进行的分离操作。

分馏装置（图8.1）与蒸馏装置相似。实验室中简单分馏装置包括蒸馏（热源、蒸馏瓶、分馏柱、温度计)、冷凝(冷凝管)和接收(接引管和接收器)三部分组成,不同之处是将蒸馏装置中蒸馏头换成分馏柱。

蒸馏瓶中的蒸汽经过分馏柱时,一部分蒸汽被冷凝,冷凝的液体沿着分馏柱流下与上升的蒸汽相互接触,两者之间进行热交换。结果是上升的蒸汽中部分组分冷凝时放出能量,使下降的冷凝液中部分组分被气化,导致上升蒸汽中易挥发组分和下降的冷凝液中高沸点组分增加,使冷凝、蒸发过程在分馏柱中由一次变成多次,蒸汽中所含的易挥发组分不断地提高。这样靠近分馏柱顶部易挥发物质的组分比例高,而在烧瓶里高沸点组分(难挥发组分)的比例高。可见,若分馏柱越高,分离效率越好。简单地说,分馏就是多次蒸馏。

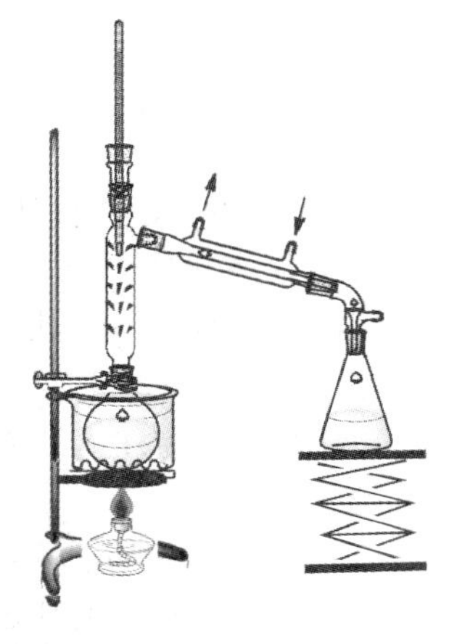

图 8.1　分馏装置

三、仪器与试剂

1. 仪器

酒精灯或加热套,圆底烧瓶,刺形(韦式)分馏柱,蒸馏头,温度计,螺口接头,冷凝管,接引管,接收瓶和量筒等。

2. 试剂

1∶1 丙酮-水(体积比)。

四、实验步骤

(1) 如图 8.1 所示连接仪器安装分馏装置。仪器安装与蒸馏类似,即自下而上,从左到右。根据热源高度将圆底烧瓶首先固定在铁架台上,再依次装上韦式分馏柱[1]、温度计。将冷凝管与分馏柱的侧管紧密连接,再依次连接接引管、接收器(锥形瓶、圆底烧瓶)等。固定仪器的铁夹松紧度要适中;接引管和接收器连接可用橡皮筋固定支撑,但不可负荷太重;整个装置要协调、平稳。

(2) 在 50 mL 圆底烧瓶内分别加入 15 mL 丙酮、15 mL 水及 2～3 粒沸石。打开冷凝水,开始加热,缓慢加热至液体沸腾,当蒸汽进入分馏柱中时,调节加热温度,使蒸汽缓慢均匀上升,10～15 min 后蒸汽到达柱顶(用手触摸柱壁,如烫手表示蒸汽已到达该处)。在有馏出液滴出时,尽可能地精确控制温度,选择合适的回流比[2],使馏出液的速度为 1 滴/秒。当柱顶温度维持 56 ℃时开始收集馏分于接收器 A 中,直至温度达 62 ℃时换接收器 B,温度达 98 ℃时用接收器 C 接收。当蒸馏瓶中残液为 1～2 mL 时,停止加热。分别量取 A(56～62 ℃)、B(62～98 ℃)、C(98～100 ℃)馏分体积,计算收率。

(3) 以温度为纵坐标,馏出液体积为横坐标,将实验结果绘成分馏曲线。

(4) 更换蒸馏装置[3],蒸馏分离 1∶1 丙酮-水(体积比)液体。记录并分别接收 56～62 ℃、62～98 ℃、98～100 ℃三个馏分的体积,绘成蒸馏曲线。根据分馏和蒸馏曲线进行比较,讨论蒸馏和分馏效率。

五、思考题

(1) 分馏和蒸馏在原理及装置上有哪些异同？如果是两种沸点很接近的液体组成的混合物用哪种分馏柱分离效果更好？

(2) 若加热太快，馏出液速度大于 2 滴/秒，用分馏分离两种液体的能力会显著下降，为什么？

(3) 用分馏柱提纯液体时，为了取得较好的分离效果，为什么分馏柱必须保持回流液？

注释

[1] 在分馏过程中，由于分馏柱较长，温度一时很难达到柱顶。为了减少分馏柱散热，可在分馏柱外围用石棉(或纱布等)包住，这样可以减少柱内热量的散发，减少风和室温引起的分馏柱热量散失和波动。

[2] 回流比是指在单位时间内，蒸汽由柱顶冷凝返回柱中液体的滴数与蒸出液滴数之比。若使用高效率的分馏柱，回流比可达 100∶1，但回流比越大，加热速度就越要缓慢。控制加热速度，才能使有相当量的液体沿柱流回烧瓶中，使上升的气流和下降液体充分进行热交换，使易挥发组分尽量上升，难挥发组分尽量下降，分馏效果更好。

[3] 根据学时可作为选做部分。可以通过蒸馏与分馏对比，使学生了解二者之间的异同，加深对蒸馏和分馏操作的认识。

实验九　无水乙醇提纯

大多数有机反应是在无水条件下进行的，因此，通常在进行反应前需要对所选用的溶剂进行处理。对于不同的溶剂处理的方法不同，在处理时，必须要熟知待处理试剂的化学和物理性质，根据性质再选用不同的操作方法和装置。

严格意义上的无水乙醇纯度高达 99.97%，但市售级或存放时间较长的无水乙醇，其纯度往往达不到标准。对于某些非水条件要求很高的有机反应，如用无水乙醇作溶剂，常常需要进一步除水，才能满足实验的要求。

本次实验将利用回流操作来提纯无水乙醇。

“回流”主要用于长时间的加热反应，使反应体系中反应物在沸腾的条件下充分接触，而体系中各种挥发性物质不会因为加热沸腾蒸发而减少、损耗。同时，也可避免易燃、易爆或有毒气体在空气中散发而引起事故和污染。

回流装置主要由热源、反应器皿和冷凝器构成，即在反应容器上方垂直装上冷凝管(冷凝管接入水源：下进水，上出水)，使反应过程中产生的蒸汽在冷凝管中被冷凝成液体，再流回到反应容器中。这种连续不断地蒸发的气体，再冷凝成液体，又流回容器中的现象叫作回流。

回流在有机合成中应用普遍。因大多数有机反应需要长时间的加热并保持沸腾，为了防止挥发性的有机物受热蒸发外泄、挥发，通常选用回流装置。

回流时多采用球形冷凝管。反应物料的沸点如很低或含有毒物质时，可选用蛇形冷凝管，以提高回流冷凝的效率。回流使用的容器常有单口(“口”也称为“颈”)、双口(颈)、三口

(颈)或更多瓶口(颈)的圆底烧瓶，根据不同要求加以选择。

由于不同反应的反应条件或要求是不同的，回流装置常分为普通回流(简称回流)和带有特殊装置的回流，如带干燥管的回流装置、带气体吸收的回流装置、带油水分离器的回流装置或带有电动搅拌器及恒压滴液漏斗仪器的回流装置等，本实验将选用带有干燥管的回流装置[1]。

一、实验目的

(1) 掌握无水乙醇提纯的原理和方法；

(2) 掌握带有干燥装置的回流操作；

(3) 掌握液体混合物分离方法，巩固蒸馏操作技术。

二、实验原理

利用氧化钙能与水反应生成氢氧化钙的原理进行无水乙醇提纯。

乙醇较水沸点低，且易挥发，为了避免乙醇在加热过程中挥发，先用回流装置，使混合液中的水与氧化钙充分作用后，分离弃去固体氢氧化钙，再将其反应液进行蒸馏，接收液即为无水乙醇，由此，达到除水提纯乙醇的目的。

三、仪器与试剂

1. 仪器

圆底烧瓶，冷凝管，干燥管，磁力搅拌器等。

2. 试剂

95%乙醇，氧化钙，无水氯化钙等。

四、实验步骤

(1) 如图 9.1 所示连接仪器组装普通回流装置。整个装置的高度以热源高度为基准，首先固定圆底烧瓶，调整铁架台铁夹的位置，使冷凝管与圆底烧瓶在一条直线上并垂直于实验台面。

(2) 于 50 mL 圆底烧瓶中分别加入 30 mL 95%乙醇和 7.5 g氧化钙，在烧瓶口装上球形冷凝管，并在其上端安装内有无水氯化钙的干燥管，油浴加热回流 2 h[2]。

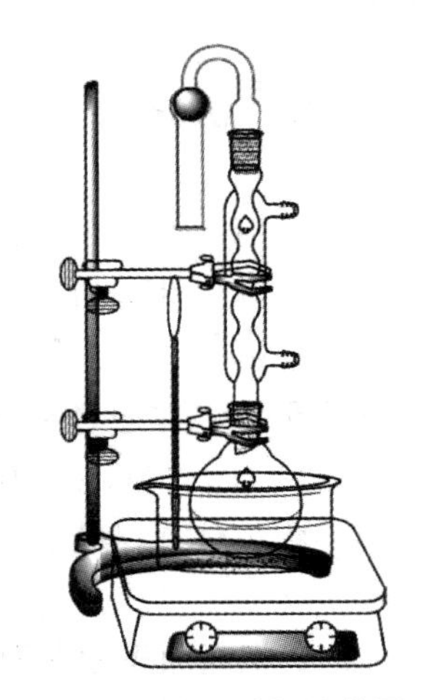

图 9.1 无水乙醇提纯装置

(3) 反应结束后，取下冷凝管，改成蒸馏装置，在接引管支管处连接一内有无水氯化钙的干燥管[3]。蒸去前馏分后，用干燥的磨口烧瓶进行接收，直至几乎无液滴流出为止。拆除仪器、清洗后放回原位。

(4) 称量无水乙醇的质量或量取体积，计算回收率。

注释

[1] 带干燥管的回流装置主要用于反应过程中如果水汽的存在影响反应的正常进行，即在冷凝管的上口连接干燥管(装有干燥剂)，用来防止空气中湿气侵入。

[2] 加热回流时先用小火预热，然后逐渐加大火力。当混合液沸腾，在反应瓶与冷凝管的连接处有液滴返回瓶内时，表示回流发生。控制加热的速度和调节冷凝水流量，保持蒸汽充分冷凝，使蒸汽上升的高度不超过冷凝管的 1/3。

[3] 在接引管支管处连接干燥管其目的是防潮，同时也不影响回流系统与大气相通。

实验十　氢气制备和铜相对原子质量的测定

在实验室中常常利用启普发生器制备氢气、二氧化碳、硫化氢等气体，启普发生器通常是利用内部压强变化来控制反应的发生和停止。

本实验先利用锌粒与稀硫酸反应制得氢气；再利用氢气还原氧化铜置换出单质铜，由此可计算得出铜的相对原子质量。

一、实验目的

(1) 了解启普发生器的构造和原理，掌握启普发生器制备气体方法；

(2) 学会实验室中气体发生、净化和干燥等操作；

(3) 掌握利用氢气还原性测定铜相对原子量的方法。

二、实验原理

1. 氢气制备

$$Zn + H_2SO_4(\text{稀}) = ZnSO_4 + H_2\uparrow$$

得到氢气往往含有 H_2S、AsH_3 等，通过如下的操作和化学反应对氢气进行纯化与干燥。

(1)先将气体通过装有 $Pb(Ac)_2$ 溶液的洗气瓶除去 H_2S：

$$Pb(Ac)_2 + H_2S = PbS\downarrow + 2HAc$$

(2)再将气体通过装有 $KMnO_4$ 溶液的洗气瓶可除去 AsH_3：

$$3AsH_3 + 8KMnO_4 = 3K_2HAsO_4 + 8MnO_2 + 2H_2O + 2KOH$$

(3)将气体通过装有无水 $CaCl_2$ 的干燥管可除去水汽：

$$CaCl_2 + 6H_2O = CaCl_2 \cdot 6H_2O$$

2. 铜相对原子质量测定

$$CuO + H_2 = Cu + H_2O$$

当两元素物质的量相等时，其质量(m)之比等于原子量(Ar)之比，即 $m(Cu) : m(O)$

$=Ar(\text{Cu}):16$，可得

$$Ar(\text{Cu})=\frac{16\ m_{\text{Cu}}}{m_{\text{O}}}$$

三、仪器与试剂

1. 仪器

启普发生器，电子天平，台秤，洗气瓶，干燥管，瓷舟，酒精灯，铁架台，铁夹等。

2. 试剂

氧化铜，锌粒，无水氯化钙，高锰酸钾溶液($0.1\ \text{mol}\cdot\text{L}^{-1}$)，醋酸铅饱和溶液，硫酸($6\ \text{mol}\cdot\text{L}^{-1}$)等。

四、实验步骤

1. 仪器安装及气密性检查

(1) 启普发生器安装及气密性检查

在漏斗和玻璃旋塞磨口处涂上一层凡士林，插好球形漏斗和玻璃旋塞，转动几次，使装置严密。

开启旋塞，从球形漏斗口注水，至酒杯容器孔时，关闭旋塞，继续加水，待水从漏斗管上升到漏斗球体内，停止加水。在水面处做一记号，静置片刻，如水面不下降，证明不漏气，可以使用。

(2) 实验装置的组装及气密性检查

从左至右依次连接实验装置(图 10.1)，并检查其气密性。

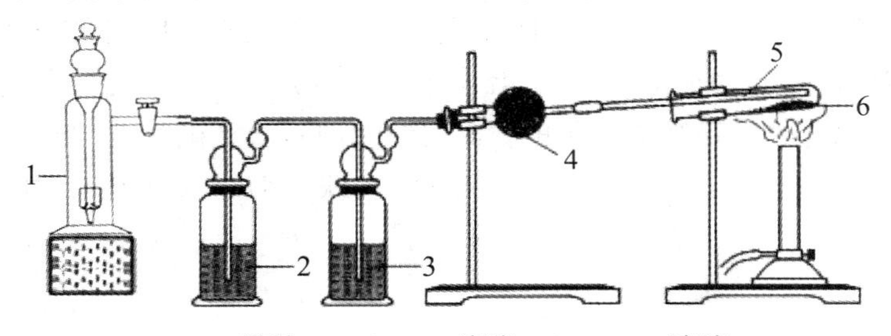

1.Zn+稀酸；2.$Pb(Ac)_2$溶液；3.$KMnO_4$溶液；
4.无水氯化钙；5.导气管；6.氧化铜

图 10.1　氢气还原氧化铜装置

装置的气密性检查：把装置末端的导气管浸入水中，用手掌紧贴启普发生器的外壁。如果装置不漏气，则容器里的空气受热膨胀，导管口就有气泡冒出。把手移开，待容器冷却，水就会沿管上升，形成一段水柱。若此方法现象不明显，可改用热水浸湿的毛巾温热容器外壁，以检验装置是否漏气。

2. 加装试剂

(1) 取出球形漏斗，在漏斗下端的杯状容器中加入锌粒(约占杯体积的 1/2)，装好球形

漏斗，关闭旋塞，加稀 H_2SO_4（6 mol·L^{-1}）至球型漏斗体积的 2/3 处。

（2）在装置 2 和 3 两个洗气瓶中分别加入 $Pb(Ac)_2$ 和 $KMnO_4$ 溶液，加入量不超过瓶容积的 2/3，气瓶内导管应浸没在液面以下 2～3 cm。

（3）在干燥管中装入适量的无水 $CaCl_2$（干燥剂），干燥管两端必须塞入少量棉花，防止干燥剂堵塞干燥管。

3. 气体发生、净化及干燥

缓慢打开装置 1 的旋塞。由于中间球体内压力降低，酸液即从底部通过孔进入酒杯状容器与固体接触而产生气体。停止使用时关闭旋塞，由于发生器体内产生的气体增大压力，就会将酸液压回到球形漏斗中，使固体与酸液不再接触而停止反应。再次使用时，只要打开旋塞即可，可通过调节旋塞来控制气体的流速。

从启普发生器内产生气体，依次通过洗气瓶和干燥管，经过净化和干燥后便得到纯净的氢气。

4. 气体收集及纯度检验[1]

氢气是一种可燃性气体，当它与空气或氧气按一定比例混合时，点火就会发生爆炸。为了实验安全，必须在收集前检验氢气的纯度。

其方法是：先取一支小试管，管口垂直向下，将导气管深入试管底部收集满氢气。用中指和食指夹住试管，大拇指盖住试管口。将管口移进火焰（注意：检验氢气的火焰距离反应装置至少 1 m）。大拇指离开管口，若听到平稳的细微的“卟”声，则表明所收集的气体是纯净的氢气；若听到尖锐的爆鸣声，则表明气体不纯；继续做纯度检查，直到没有尖锐的爆鸣声出现为止。

5. 铜的相对原子质量测定

准确称取一个洁净而干燥的小瓷舟的质量，将粗称过的氧化铜[2]，平铺在小瓷舟里，置于电子天平上准确称量，把小瓷舟小心地放入一支硬质大试管中，并将试管固定在铁架台上。将导气管置于小瓷舟的上方（不要接触氧化铜），待试管中的空气全部被排净后，再加热试管，直至黑色的氧化铜全部变为红色的铜时，停止加热，直至试管冷却至室温（在此过程中 H_2 始终保持通入），用滤纸吸干试管口上的冷凝的水珠。小心拿出瓷舟，再准确称量瓷舟和铜的总质量[3]。

五、数据记录和处理

（1）瓷舟的质量__________；

（2）瓷舟加氧化铜的质量____________；

（3）瓷舟加铜的质量____________；

（4）铜的质量__________；

（5）氧的质量__________；

（6）铜的相对原子质量__________；

（7）误差__________。

六、思考题

（1）指出测定铜的相对原子质量实验装置图中每一部分的作用，并写出相应的化学方程式。装置中试管口为什么要向下倾斜？

（2）下列情况对测定铜的相对原子质量实验结果有何影响？

① 试样中有水分或试管不干燥；

② 氧化铜没有全部变成铜；

③ 管口冷凝的水珠没有用滤纸吸干。

（3）如何用实验证明 $KClO_3$ 里含有氯元素和氧元素？

注释

[1] 检验氢气纯度时，每试验一次要换一支试管，防止用于验纯的试管中有火种，酿成爆炸的危险。

[2] CuO 粉末要研细，在烘箱中烘干，或在瓷蒸发皿中炒干，冷后称重。烘干后的 CuO 粉末，最好放在密封好的称量瓶中。

[3] 瓷舟用后要用 HNO_3 浸泡（除去附着的 CuO 或 Cu），并用水浸泡，冲净后烘干。

实验十一　二氧化碳制备及其相对分子质量的测定

二氧化碳（CO_2）为空气的组成部分，虽然含量仅为 0.03%，却是造成温室效应的主要原因。常温下 CO_2 是一种无色无味气体，密度略大于空气，能溶于水，并生成碳酸。液态 CO_2 可作为溶剂和织物的清洗剂，固态 CO_2 俗称干冰，其应用范围很广，在食品、卫生、工业、餐饮及人工降雨等领域都有应用。

实验室中常用大理石和稀盐酸反应制得二氧化碳，根据阿伏伽德罗定律测定其相对分子质量。

一、实验目的

（1）理解相对密度法测定气体相对分子量的原理；

（2）掌握启普发生器制备二氧化碳的方法；

（3）熟练掌握气体发生、净化、干燥和收集等操作。

二、实验原理

阿伏伽德罗定律：同温、同压、同体积的气体含相同的分子数，即摩尔数相同。

根据阿伏伽德罗定律，对于 p,V,T 相同的 A，B 两种气体，若以 m_A，m_B 分别代表 A，B 两种气体的质量，M_A，M_B 代表 A，B 两种气体的相对分子质量。理想气体状态方程式为

$$pV = \frac{m_A}{M_A}RT \quad (对于气体 A)$$

$$pV = \frac{m_B}{M_B}RT \quad (对于气体 B)$$

由以上两式整理得

$$\frac{m_A}{m_B} = \frac{M_A}{M_B}$$

由上式可知，利用相同温度、体积、压强下的二氧化碳质量（m_{CO_2}）、空气质量（$m_{空气}$）和已知的空气平均相对分子质量（$m_{空气} = 29.0$），即可计算出二氧化碳的相对分子质量（M_{CO_2}）。计算公式如下：

$$M_{CO_2} = \frac{m_{CO_2}}{m_{空气}} \times 29.0$$

制备二氧化碳的化学反应式：

$$CaCO_3 + 2HCl = CaCl_2 + CO_2\uparrow + H_2O$$

大理石中含有硫，所以在气体发生过程中会有硫化氢、酸雾、水汽产生。因此，将产生的气体依次通过装有硫酸铜溶液、碳酸氢钠溶液的洗气瓶和装有无水氯化钙的干燥管可分别除去硫化氢气体、酸雾和水汽。最后收集得到纯净干燥的二氧化碳气体，经称重、计算得二氧化碳相对分子质量。

三、仪器与试剂

1. 仪器

启普发生器，洗气瓶（2 个），电子分析天平，干燥管，碘量瓶，玻璃管，台秤，烧杯等。

2. 试剂

石灰石，无水 $CaCl_2$，$NaHCO_3$（1 mol・L^{-1}），$CuSO_4$（1 mol・L^{-1}）。

四、实验步骤

（1）装配仪器并检查其气密性。检查启普发生器的气密性后，按图 11.1 装配仪器（从左到右），再检查整体装置的气密性。

（2）加装试剂。按要求在启普发生器中加入大理石和稀 HCl（6 mol・L^{-1}），向前后两洗气瓶中分别加入 $CuSO_4$（1 mol・L^{-1}）和 $NaHCO_3$（1 mol・L^{-1}），最后在干燥管内加入无水 $CaCl_2$。

（3）称量空瓶质量。取一洁净而干燥的碘量瓶[1]，塞紧塞子，并在电子天平上称量（空气＋瓶＋塞）的总质量 G_1。

（4）气体制备、收集。缓慢打开启普发生器旋塞，控制好反应速度，气体经过净化、干燥后，将导气管伸入碘量瓶底部，收集 4～5 min 后，用点燃的火柴靠近瓶口（略低于瓶口），如果火柴熄灭，说明气体已收集满[2]。

（5）称量碘量瓶和二氧化碳的总质量。缓慢取出导气管，用塞子塞紧瓶口，称量充满

CO_2容器的总质量(CO_2＋瓶＋塞)(g)。

(6) 重复步骤4,5,直到碘量瓶和二氧化碳的总质量与上次称量的质量相差不大于2 mg时为止,记下最后两次称量的质量 G_2,G_3。

(7) 在瓶内装满水,塞紧塞子,在台秤上称重 G_5。

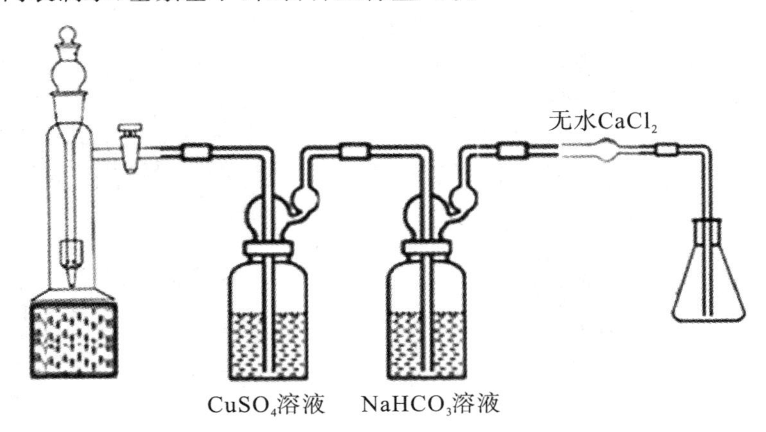

图 11.1　CO_2气体发生装置

五、数据记录和处理

(1) 室温 T(K)＝273＋t ℃＝________。

(2) 气压 p(Pa)＝________。

(3) (空气＋瓶＋塞)的总质量 G_1(g)＝________。

(4) 第一次时,(CO_2＋瓶＋塞)的总质量 G_2(g)＝________。

(5) 第二次时,(CO_2＋瓶＋塞)的总质量 G_3(g)＝________。

(6) (CO_2＋瓶＋塞)的平均总质量 G_4(g)＝________。

(7) (水＋瓶＋塞)的总质量 G_5(g)＝________。

(8) 瓶的容积 V＝________。

(9) 瓶内空气的质量 $W_{空气}$(g)＝________。

(10) CO_2气体的质量 W_{CO_2}(g)＝________。

(11) CO_2气体的相对分子质量(g·mol^{-1})＝________。

(12) CO_2气体的理论相对分子质量(g·mol^{-1})＝________。

(13) 测量结果的相对误差＝$\frac{实验值-理论值}{理论值}\times 100\%$＝________。

六、思考题

(1) 为什么用大理石代替纯试剂碳酸钙制备二氧化碳?

(2) 为什么称量二氧化碳时必须使用电子分析天平,而确定二氧化碳体积时使用台秤称量?

（3）为什么计算瓶子的容积时可以忽略空气的质量，而计算二氧化碳气体的质量时却不能忽略？

注释

[1] 收集气体的碘量瓶要保持洁净和干燥，以免产生误差。

[2] 收集二氧化碳气体时，导气管一定要伸入锥形瓶底部，保证二氧化碳气体充满锥形瓶，抽出时应缓慢向上移动，并在管口处停留片刻。

二级　综合技能训练

实验十二　水合硫酸铜的制备

五水合硫酸铜是因分子中含有五个结晶水，简称水合硫酸铜或硫酸铜晶体，俗称蓝矾、胆矾或铜矾等。无水硫酸铜为白色或灰白色粉末，易溶于水，溶液呈酸性，在空气中易潮解变蓝成为水合硫酸铜。水合硫酸铜在常温常压下很稳定，不易潮解，在干燥空气中会逐渐风化[1]。硫酸铜水溶液具有强力的杀菌作用，主要用于防治果树、水稻等多种病虫害，是一种预防性杀菌剂，在病发前使用效果更好。此外，硫酸铜也是颜料、电池、木材防腐等方面的重要化工原料。

一、实验目的

(1) 学习并掌握由氧化铜制备五水合硫酸铜的方法；
(2) 学习并巩固蒸发、浓缩、结晶、减压过滤等操作；
(3) 掌握用重结晶纯化无机物的技术。

二、实验原理

硫酸铜的制备，一般是以氧化铜粉末与稀硫酸发生复分解反应，经过蒸发、浓缩、结晶先得到粗产品，再利用重结晶技术对粗产品进行纯化，最后得到纯品。

化学反应方程式：

$$CuO + H_2SO_4 = CuSO_4 + H_2O$$

$CuSO_4 \cdot 5H_2O$ 在水中的溶解度，随温度的升高而明显增大(如表12.1所示)，但水合硫酸铜在不同的温度下可以逐步脱水[1]，因此，在制备硫酸铜时反应温度不宜过高。

表 12.1　五水硫酸铜在水中的溶解度($g/100\ g\ H_2O$)

温度	0 ℃	20 ℃	40 ℃	60 ℃	80 ℃
溶解度	23.3	32.3	46.2	61.1	83.8

三、仪器与试剂

1. 仪器

台秤,酒精灯,烧杯,量筒,蒸发皿,表面皿,布氏漏斗,吸滤瓶,循环水真空泵等。

2. 试剂

氧化铜粉(CP),H_2SO_4(3 mol·L^{-1}),无水乙醇等。

四、实验步骤

1. 硫酸铜的制备

取2 g CuO粉末于100 mL小烧杯中,加入18 mL 3 mol·L^{-1} H_2SO_4溶液,加热使之溶解。10 min后,若CuO未完全溶解(烧杯底部有黑色粉末),可补加适量H_2SO_4溶液,继续加热溶解,如仍有不溶物,可用倾滗法将滤液转移至蒸发皿中。水浴加热,蒸发、浓缩至液面出现大量晶膜(蒸发时请勿搅拌),停止加热,室温冷却,至晶体完全析出。

将晶体转移到布氏漏斗中(容量不超过2/3),抽滤,用3 mL无水乙醇淋洗,抽干的产品再转移至表面皿中,用滤纸吸干得到粗产品。

2. 硫酸铜晶体纯化[2]

将粗产品倒入100 mL烧杯中,加水微热溶解(粗产品∶水=1 g∶1.2 mL),若溶解过程中有少量晶体析出,可补加少许蒸馏水使其溶解完全。静置溶液,缓慢冷却至晶体析出完全。抽滤,干燥,称重,计算产率。

五、思考题

(1) 蒸发浓缩硫酸溶液时,为什么要用水浴加热?

(2) 过滤时用乙醇淋洗硫酸铜晶体的目的是什么?

注释

[1] $CuSO_4\cdot 5H_2O$在不同温度时易失去结晶水。加热至45 ℃时失去两分子结晶水,110 ℃时失去四分子结晶水,150 ℃时失去全部结晶水而成无水硫酸铜($CuSO_4$),无水硫酸铜易吸水转变为五水硫酸铜。常利用这一特性来检验某些液态有机物中是否含有微量水分。将五水硫酸铜加热至650 ℃高温,可分解为黑色氧化铜、二氧化硫及氧气。

[2] 以氧化铜为原料制备得到的五水合硫酸铜粗品中,含有Fe(Ⅱ)、Fe(Ⅲ)等杂质,不溶物可通过过滤除去,但Fe^{2+}通过氧化剂(H_2O_2)氧化成Fe^{3+},控制溶液的pH值小于4,使Fe^{3+}转化成$Fe(OH)_3$沉淀而被除去,且不会使Cu^{2+}析出。在对硫酸铜纯度要求不太高的情况下,一般用重结晶即可达到纯化目的。

实验十三　转化法制备硝酸钾

硝酸钾俗称火硝或土硝，是制备黑火药的重要原料。硝酸钾常为无色透明棱柱状白色颗粒或结晶性粉末，易溶于水，不溶于乙醇，在空气中不易潮解。该物质有强氧化性，与有机物摩擦或撞击能引起燃烧或爆炸。此外，硝酸钾还可用于食品、农业、冶金等行业中。

制备硝酸钾的方法通常有合成法、溶剂萃取法、中和法及复分解法。复分解法是实验室中制备硝酸钾常用方法之一，工业上被称为转化法。

一、实验目的

(1) 学习利用各种盐类在不同温度时溶解度的差异来制备无机盐；

(2) 熟练掌握蒸发、抽滤和重结晶等操作。

二、实验原理

实验室用 KCl 和 $NaNO_3$ 相互作用来制备 KNO_3，化学反应方程式：

$$NaNO_3 + KCl = NaCl + KNO_3$$

因反应产物（KCl 和 KNO_3）是可溶性盐，如何从反应体系中将 KNO_3 分离出来？可以利用反应体系中各种盐的溶解度与温度的关系，控制不同的温度，将它们分离出来。

由表 13.1 可知，NaCl 的溶解度随温度变化极小，温度对 KCl 溶解度影响也不大，而 $NaNO_3$ 和 KNO_3 随温度变化溶解度增大显著，尤其是 KNO_3 溶解度随温度变化升高加快。当把一定量的反应物 KCl 和 $NaNO_3$ 混合加热、溶解、反应、浓缩，NaCl 首先析出（溶剂蒸发减少）可趁热滤去。滤液冷却至室温，析出的固体主要是 KNO_3（可能含有少量的 NaCl），经重结晶纯化得到 KNO_3 纯品。

表 13.1　硝酸钾等四种盐在不同温度下的溶解度　　单位：g/100 g H_2O

盐	0 ℃	10 ℃	20 ℃	30 ℃	40 ℃	60 ℃	80 ℃	100 ℃
KNO_3	13.3	20.9	31.6	45.8	63.9	110.0	169	246
KCl	27.6	31.0	34.0	37.0	40.0	45.5	51.1	56.7
$NaNO_3$	73	80	88	96	104	124	148	180
NaCl	35.7	35.8	36.0	36.3	36.6	37.3	38.4	39.8

三、仪器和试剂

1. 仪器

台秤，蒸发皿，烧杯，量筒，试管，玻棒，表面皿，铁圈，铁架台，石棉网，温度计（200 ℃），酒精灯，短颈漏斗，定性滤纸，布氏漏斗，抽滤瓶，循环水真空泵，烘箱等。

2. 试剂

Na_2NO_3(CP)，KCl(CP)，$AgNO_3$(0.1 mol·L^{-1})，KNO_3(饱和溶液)。

四、实验步骤

1. 硝酸钾的制备

(1) 称取 10 g $NaNO_3$ 和 8.5 g KCl 固体于蒸发皿中，加入 20 mL 蒸馏水。

(2) 将蒸发皿放在石棉网上，小火加热，不断搅拌至固体全溶。继续加热，使溶液沸腾(用温度计测量温度并记录)、蒸发、浓缩，当蒸发皿中出现较多固体时(这是什么?)，停止加热。

(3) 将溶液(连同固体)快速趁热过滤或抽滤(若过滤，用预热的短颈漏斗；如抽滤，用预热的布氏漏斗)，弃去固体(为什么?)，保留滤液(很快有沉淀析出，为什么?)。

(4) 另取热蒸馏水 8 mL 加入滤液中，使结晶的固体重新溶解，并转移到蒸发皿中。再次加热、溶解、蒸发、浓缩，当溶液体积减少至原体积的 2/3 时，停止加热。冷却至室温，再次结晶，待晶体完全析出，抽滤，用饱和 KNO_3 溶液洗涤 2 遍(为什么?)，得到 KNO_3 粗品，称重，计算产率。

保留少许(约 2 g)粗品供纯度检验，其余进行重结晶。

2. 硝酸钾的纯化

在 100 mL 烧杯中，用蒸馏水加热溶解 KNO_3 粗品(按重量比 KNO_3 : H_2O=2 : 1)。如未完全溶解，可补加适量水，使其刚好溶解完全，停止加热。冷却至室温，待大量晶体析出时，转移至布氏漏斗中，抽滤并用 4 mL 饱和 KNO_3 溶液洗涤。晶体转移至表面皿中，水蒸气干燥[1]得纯品，称重，计算产率。

3. 纯度检验

(1) 分别取 1.0 g 粗品和重结晶得到的 KNO_3 晶体于两个小试管中，各加入 2 mL 蒸馏水使其溶解。分别从试管中取 1 mL 溶液，稀释至 100 mL。

(2) 取稀释液 1 mL 分别在 2 支试管中，滴入 0.1 mol·L^{-1}硝酸银溶液 2 滴，观察现象，进行对比。若重结晶后的纯品中有白色沉淀析出，表明纯品中仍含有 Cl^-，表明需要再次重结晶。

五、思考题

(1) 在制备硝酸钾时，其中溶液要趁热快速过滤作用是什么?

(2) 抽滤过程中，为什么要用饱和 KNO_3 溶液洗涤?

(3) 为什么以能否检出 Cl^- 作为衡量纯度的依据?

(4) 反应体系沸腾时，为什么温度能高于 100 ℃?

注释

[1] KNO_3 干燥不能直接加热烘干，这是因为固体 KNO_3 受热易分解成 KNO_2 并释放出 O_2，因此，通常用水蒸气干燥。

实验十四　水的净化——离子交换法

水的软化或净化有很多方法，如离子交换法、反渗透法等，其中离子交换法是最常用的处理方法之一。

离子交换法是将水通过离子交换柱（内装阴、阳离子交换树脂），除去水中杂质离子，实现水净化的方法。用此法得到的去离子水的纯度较高，25 ℃时其电阻率为 $5\times10^6\ \Omega\cdot cm$ 以上。

离子交换树脂是一种人工合成的有机高分子聚合物，它是由交换剂本体（网络结构的骨架）和交换活性基团两部分组成。性质稳定，通常与酸、碱及一般有机溶剂不发生反应。

根据树脂上可交换活性基团的不同，可分为两类：

（1）阳离子交换树脂，又称 H 型（酸型）离子交换树脂。树脂中的活性基团可与溶液中的阳离子进行交换。如：

$$R—SO_3^-\ H^+ \qquad\qquad R—COO^-\ H^+$$

其中 R 表示树脂中网状结构的骨架部分。

这类树脂按活性基团酸性强弱的不同，又分为强酸性、弱酸性离子交换树脂。例如，$R—SO_3H$ 为强酸性离子交换树脂（如国产“732”树脂），R—COOH 为弱酸性离子交换树脂（如国产“724”树脂）。

（2）阴离子交换树脂，又称为 OH 型（碱型）离子交换树脂。树脂中的活性基团可与溶液中的阴离子进行交换。如：

$$\begin{array}{l} R—N^+—(CH_3)_3 \\ \quad\ \ | \\ \quad OH^- \end{array}$$

按活性基团碱性强弱的不同，又可分为强碱性、弱碱性离子交换树脂。例如，$R—N^+OH^-(CH_3)_3$ 为强碱性离子交换树脂（如国产“717”树脂），$R—NH_3^+OH^-$ 为弱碱性离子交换树脂（如国产“701”树脂）。

用离子交换法净化水时，通常使用强酸性和强碱性离子交换树脂。它们具有较好的耐化学腐蚀性、耐热性和耐磨性。在酸性、碱性及中性介质中都能使用，同时离子交换效果好。此外，由于树脂是多孔网状结构，具有很强的吸附能力，可以同时除去电中性杂质。又由于装有树脂的交换柱本身就是一个很好的过滤器，所以颗粒状杂质也能一同除去。

一、实验目的

（1）了解离子交换法净化水的原理及方法；

（2）掌握水的质量检验方法；

（3）掌握电导率仪和酸度计的使用。

二、实验原理

离子交换法净化水的原理是基于树脂中的活性基团和水中各种杂质离子间的可交换性。其交换过程是水中的杂质离子先通过扩散进入树脂颗粒内部，然后与树脂上的活性基团中的 H^+ 或 OH^- 进行交换。被交换出来的 H^+ 或 OH^- 脱离树脂表面进入到水中，相遇后结合形成 H_2O。

（1）阳离子交换柱：经过阳离子交换树脂交换后流出的水中有过剩的 H^+，因此呈酸性。

$$n\mathrm{Ar{-}SO_3^-H^+} + \mathrm{M}^{n+} \rightleftharpoons (\mathrm{Ar{-}SO_3^-})_n\mathrm{M}^{n+} + n\mathrm{H}^+$$

（2）阴离子交换柱：经过阴离子交换树脂交换后流出的水中有过剩的 OH^-，因此呈碱性。

$$n\mathrm{R{-}\underset{\substack{|\\ OH^-}}{N^+}{-}(CH_3)_3} + \mathrm{R}^{n-} \rightleftharpoons [\mathrm{R{-}\underset{\substack{|\\ R^{n-}}}{N^+}{-}(CH_3)_3}]_n + n\mathrm{OH}^-$$

在离子交换树脂上进行的交换反应是可逆的，杂质离子可以交换出树脂中的 OH^- 与 H^+，同时 OH^- 与 H^+ 也可以交换出树脂中所包含的杂质离子，反应向哪个方向进行，取决于水中 OH^- 或 H^+ 与杂质离子之间浓度大小的关系（水中所含杂质离子的多少）。正是因为离子交换反应是可逆性的，利用这个特点，又可让使用后的失效树脂经处理再生，循环重复使用。例如，当用一定浓度的酸或碱处理失效树脂时，被树脂吸附的杂质离子便从树脂上解脱出来，使树脂恢复交换能力[1]。

当含杂质离子的水依次通过串联起来的阳离子交换柱和阴离子交换柱后，虽然能分别除去阳离子和阴离子杂质，但由于交换反应的可逆性，使得交换后的水中仍含有少量杂质离子留在水中，且所得的水并非一定为中性。为了进一步提高水的质量，可将所得的水再通过混合离子交换柱，其作用相当于分别依次连接了多个阳离子交换柱和阴离子交换柱，而且在交换柱的任何部位，被交换出来的 OH^- 与 H^+ 相遇后发生中和反应，产生的水都是中性的，同时也减少了逆反应发生的可能性，从而得到高纯度中性水。

三、仪器与试剂

1. 仪器

阳离子交换柱，阴离子交换柱，混合离子交换柱，电导率仪，烧杯，止水夹等。

2. 试剂

阴、阳离子交换树脂，钙试剂（0.1%），镁试剂（0.1%），HNO_3（2 $mol \cdot L^{-1}$），NaOH（5%，2 $mol \cdot L^{-1}$），$AgNO_3$（0.1 $mol \cdot L^{-1}$），$BaCl_2$（1 $mol \cdot L^{-1}$）等。

四、实验步骤

1. 树脂预处理

(1) 阳离子交换树脂:用水将树脂冲至无色后,改用纯水浸泡 4～8 h,再用 5% HCl 溶液浸泡 4 h,倾去 HCl 溶液,用纯水洗至 pH=3～4。纯水浸泡备用。

(2) 阴离子交换树脂:用水将树脂冲至无色后,改用纯水浸泡 4～8 h,再用 5% NaOH 溶液浸泡 4 h,倾去 NaOH 溶液,用纯水洗至 pH=8～9。纯水浸泡备用。

2. 装柱

在三支交换柱[2]中分别装入阳离子、阴离子、混合离子交换树脂。

装柱方法[3]:在离子交换柱下端塞上少许湿润的玻璃棉,以防止树脂漏出,加入柱高 1/3 的纯水,排除柱下部和玻璃棉中的空气。将处理好的湿树脂(连同水)一起加入交换柱中,与此同时打开交换柱下端的夹子,缓慢放出交换柱中多余的水,水流的速度不能太快,防止树脂露出水面,一般保持水面高出树脂 2～3 cm。轻敲柱子,使树脂自然均匀下沉,防止树脂层中夹有气泡。装柱完毕后,在树脂层上盖一层玻璃棉,以防加入溶液时把树脂冲起。

树脂的量:一般阳离子交换柱装入约 1/2 柱容积的阳离子交换树脂;阴离子交换柱装入约 2/3 柱容积的阴离子交换树脂;混合离子交换柱装入约 2/3 柱容积的混合离子交换树脂(阳离子交换树脂与阴离子交换树脂按 1∶2 体积比混合)。

3. 连接树脂交换装置

将 3 支交换柱用玻璃导管依次进行串联(图 14.1),连接时用纯水充满导管并尽量排出导管内的气泡。离子交换柱连接顺序不能颠倒(从左到右:阳离子交换柱、阴离子交换柱、混合离子交换柱)。

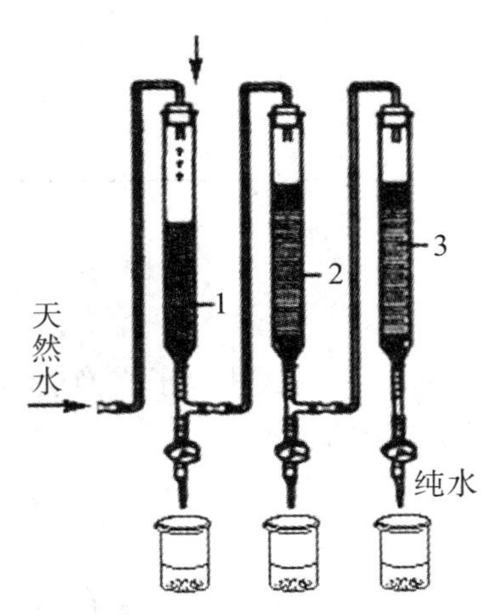

1. 阳离子交换柱; 2. 阴离子交换柱; 3. 混合离子交换柱

图 14.1　离子交换法净化水的装置图

4. 纯水的制备

将自来水依次缓慢流经(从左到右)阳离子、阴离子、混合离子交换柱,控制出水的流速为 4～6 mL/min。先弃去前 10 分钟流出的水样,再从阳离子柱、阴离子柱和混合离子柱分别取 50 mL 流出液作水样[4]，待检验。

5. 水的质量检验

（1）用电导率仪测定各交换柱流出水样的电导率。

（2）用酸度计测定各交换柱流出水样的 pH 值。

（3）取各交换柱流出水样 2 滴分别滴入点滴板中，按表 14.1 方法分别检验 Ca^{2+}、Mg^{2+}、Cl^-、SO_4^{2-}。

表 14.1 实验步骤记录表

检验方法和项目	pH 值	电导率	Ca^{2+}	Mg^{2+}	Cl^-	SO_4^{2-}	结论
		测电导率 ($\mu S \cdot cm^{-1}$)	加入 2 滴 2 mol · L^{-1} NaOH 和 1 滴钙试剂溶液，观察有无红色溶液生成	加入 2 滴 2 mol · L^{-1} NaOH 和 1 滴镁试剂溶液，观察有无天蓝色沉淀生成	加入 1 滴 2 mol · L^{-1} 硝酸酸化，再加入 2 滴 0.1 mol · L^{-1} 硝酸银溶液，观察有无白色浑浊生成	加入 2 滴 1 mol · L^{-1} $BaCl_2$ 溶液，观察有无白色浑浊生成	
天然水							
阳离子交换柱流出水							
阴离子交换柱流出水							
混合离子交换柱流出水							

五、思考题

（1）天然水中主要的无机盐杂质是什么？试述离子交换法净化水的基本原理。

（2）如何筛分混合的阴、阳离子交换树脂？

注释

[1] 阳离子交换树脂再生方法：在一试剂瓶中装入约 10 倍于阳离子交换树脂体积的 2 mol · L^{-1} 稀盐酸溶液，通过虹吸管以 1～2 滴/秒流速淋洗树脂。控制液体的流入速度和树脂上液面的高度，且在操作中切勿使液面低于树脂。如此反复淋洗，直到交换柱中流出液体不含 Na^+ 为止（如何检验？）。然后用蒸馏水洗涤树脂，直至流出液体的 pH 值约为 6。阴离子交换树脂再生方法同上，是将2 mol · L^{-1} 稀盐酸溶液换成 2 mol · L^{-1} NaOH 溶液，直至从交换柱中流出液体中不含 Cl^- 为止（如何检验？），然后用蒸馏水淋洗树脂，至流出液体的 pH 值为 7～8。

[2] 离子交换柱在使用前应检查是否漏水，并清洗干净。

[3] 对于具有支管的离子交换柱，装柱时应在支管口处套上一根乳胶管（约 10 cm），并用止水夹夹紧防止水流出。

[4] 收集某离子柱水样，需关闭其他离子柱活塞。如收集阴离子柱水样，则要关闭阳离子和混合离子柱出水口。

实验十五　食用白醋中总酸度的测定

食醋是人们日常生活中不可缺少的调味品，适量地食用食醋，有益于人体健康。食醋中酸性物质主要是醋酸，醋酸能够杀灭细菌，溶解食物中的钙、铁、磷等有机物，利于人体吸收。在日常生活中，食用醋有多种，如白醋、陈醋、糯米甜醋、自制家醋等。不同食醋中醋酸的含量是不同的，如何测定食醋中的总酸度呢？本实验将对其进行介绍。

食醋中总酸度可以通过酸碱中和反应来测定，即选用已知准确浓度的氢氧化钠溶液滴定食醋。氢氧化钠固体因具有很强的吸潮性，易吸收空气中的水分和二氧化碳，常含有碳酸钠以及少量的硅酸盐、硫酸盐和氯化物等，所以不能直接配制成准确浓度的溶液。为得到更准确的结果，必须用基准物质对氢氧化钠溶液进行标定，通常用邻苯二甲酸氢钾作标定碱的基准物质。

基准物质是分析化学中用于直接配制标准溶液或标定滴定分析中操作溶液浓度的物质。基准物质应具备如下的特点：(1) 纯度（质量分数）应大于等于 99.9%；(2) 组成与它的化学式完全相符，如含有结晶水，其结晶水的含量均应符合化学式；(3) 性质稳定，一般情况下不易失水、吸水或变质，不与空气中的氧气及二氧化碳反应；(4) 参加反应时，应按反应式定量地进行，没有副反应；(5) 要有较大的摩尔质量，以减小称量时的相对误差。

一、实验目的

(1) 理解强碱滴定弱酸的原理及指示剂的选择；

(2) 学习并掌握食醋中总酸度的测定方法；

(3) 掌握氢氧化钠标准溶液配制和标定方法；

(4) 掌握滴定管、容量瓶、移液管的使用方法。

二、实验原理

1. NaOH 溶液的标定

邻苯二甲酸氢钾是一种有机酸盐，相对易得到纯制品，在空气中不吸潮、易保存。在溶液中能电离出 1 mol 氢离子，因此它与氢氧根离子反应的化学计量比为 1∶1，且其摩尔质量较大，所以邻苯二甲酸氢钾是标定碱溶液的较好基准物质。

标定氢氧化钠的反应方程式为：

$$KHC_8H_4O_4 + NaOH = KNaC_8H_4O_4 + H_2O$$

2. 食醋中总酸度的测定

食醋中主要成分是醋酸，此外还含有少量的其他弱酸如乳酸等，一般用醋酸的含量来表示总酸度。

用 NaOH 标准溶液滴定，反应产物是弱酸强碱盐，滴定突跃在碱性范围内，可选用酚酞(变色范围 pH=8.2～10)等碱性范围内变色的指示剂。滴定反应方程式为：

$$HAc + NaOH = NaAc + H_2O$$

三、仪器与试剂

1. 仪器

台秤，电子天平，碱式滴定管(50 mL)，试剂瓶(500 mL)，烧杯，玻棒，移液管(25 mL)，三角锥形瓶(250 mL)，洗瓶，容量瓶(250 mL)等。

2. 试剂

NaOH($0.1\ mol \cdot L^{-1}$)，食用白醋，邻苯二甲酸氢钾基准物质[1]，酚酞指示剂($2\ g \cdot L^{-1}$乙醇溶液)等。

四、实验步骤

1. NaOH 溶液的配制与标定

(1) NaOH 溶液的配制。称取 2 g 固体 NaOH，加入新鲜的或煮沸除去 CO_2 的纯水，待溶解完全后，转入带橡皮塞的试剂瓶中(为什么?)，加水稀释至 500 mL，充分摇匀。

(2) NaOH 溶液的标定。准确称取 0.4～0.6 g 邻苯二甲酸氢钾三份，分别置于 250 mL 锥形瓶中，加水 40～50 mL 溶解后，滴加酚酞指示剂 1～2 滴，用 NaOH 溶液滴定至溶液呈微红色，30 s 内不退色，即为滴定终点。平行测定三份。计算 NaOH 溶液的浓度和相对平均偏差[2]。

2. 食醋中总酸度含量测定

准确移取 10.00 mL 食醋于 100 mL 容量瓶中，用水稀释至标线，摇匀。用移液管吸取上述溶液 25.00 mL 于锥形瓶中，加入 20 mL 水、1～2 滴酚酞指示剂，摇匀。用已标定的 NaOH 标准溶液滴定至溶液呈微红色，30 s 内不退色，即为滴定终点。平行测定三份，计算食醋中的总酸度。其相对平均偏差不大于 0.2%。

五、数据记录与处理

将实验所得结果分别记入表 15.1 和表 15.2 中。

表 15.1　NaOH 溶液的标定

		Ⅰ	Ⅱ	Ⅲ
邻苯二甲酸氢钾质量(g)				
NaOH 体积 V_1(mL)	初读数			
	终读数			
	消耗 NaOH 体积			
NaOH 摩尔浓度(mol·L^{-1})				
NaOH 平均摩尔浓度(mol·L^{-1})				
相对平均偏差(%)				

表 15.2　食用白醋中总酸度的测定

		Ⅰ	Ⅱ	Ⅲ
NaOH 平均摩尔浓度(mol·L^{-1})				
白醋溶液体积(mL)				
NaOH 体积 V_2(mL)	初读数			
	终读数			
	消耗 NaOH 体积			
HAc 摩尔浓度(mol·L^{-1})				
HAc 平均摩尔浓度(mol·L^{-1})				
相对平均偏差(%)				

六、思考题

(1) 称取 $KHC_8H_4O_4$ 和 NaOH 各选用什么天平？为什么？

(2) 测定食醋中的总酸度时，为什么选用酚酞作指示剂？能否选用甲基橙或甲基红为指示剂？

(3) 酚酞指示剂由无色变为微红色时，溶液的 pH 值是多少？变红的溶液在空气中放置片刻后又会变为无色的原因是什么？

注释

[1]　邻苯二甲酸氢钾在 100～125 ℃干燥 1 h 后，置于干燥器中备用。

[2]　进行分析实验时，往往要平行测定多次，然后取几次结果的平均值作为该组分析结果的代表。但是测得的平均值和真实数值间经常存在着差异，所以分析结果的误差是不可避免的，为了分析结果的准确度，寻求分析实验中产生误差的原因和误差出现规律，我们采用相对平均偏差考察分析结果精密度。相对平均偏差表示如下：

算术平均值 $\bar{x} = \dfrac{x_1 + x_2 + \cdots + x_n}{n}$

绝对偏差 $d_i = x_i - \bar{x}$

相对偏差 $= \dfrac{d_i}{\bar{x}} \times 100\%$

平均偏差 $\bar{d} = \dfrac{|d_1| + |d_2| + \cdots + |d_n|}{n}$

相对平均偏差 $= \dfrac{\bar{d}}{\bar{x}} \times 100\%$

实验十六　水的总硬度测定

Ca^{2+}、Mg^{2+}是生活用水中的主要杂质，除此外还有微量的 Fe^{3+}、Al^{3+} 等离子。由于 Ca^{2+}、Mg^{2+} 含量远高于其他几种离子，所以通常把含有较多钙盐和镁盐的水称为硬水，用 Ca^{2+}、Mg^{2+} 总含量来表示水的硬度。

水的硬度对人类健康和工业生产影响极大。高硬度水中的钙、镁离子能与硫酸根结合，使水产生苦涩味，经常饮用会产生胃肠功能紊乱，会出现暂时的腹胀、排气多、腹泻等现象。各种工业用水对水的硬度也有要求，如锅炉用水必须是软水，否则容易发生爆炸。

我国采用 Ca^{2+}、Mg^{2+} 总量折合成 CaO 来计算水的硬度[1]，单位为度(°)，1 个硬度单位代表 1 L 水中含 10 mg CaO。通常饮用水的总硬度不得超过 25 度。

一、实验目的

(1) 了解水硬度的测定意义和常用的硬度表示法；

(2) 掌握铬黑 T 的变色原理及滴定终点的判断；

(3) 掌握配位滴定法测定水硬度的原理和方法；

二、实验原理

EDTA 是一种常用的配合剂，因分子中有六个配位原子，配位能力强，易与多种金属离子发生配合反应，所以 EDTA 常被用来测金属离子的含量。

本实验是在 pH＝10 氨性缓冲溶液中，以铬黑 T(EBT)为指示剂，用 EDTA 来测水中 Ca^{2+}、Mg^{2+} 的含量，其反应原理用如下化学方程式来表示：

主反应：$M(Ca^{2+}, Mg^{2+}) + Y(EDTA) \longrightarrow MY$

滴定前：$M + EBT \longrightarrow M\text{—}EBT$
(蓝色)　　(红色)

终点时：$M\text{—}EBT + Y \longrightarrow MY + EBT$
(红色)　　　　　(蓝色)

用 EDTA 测水硬度时，溶液中 pH 值对测定结果尤为重要，这是因为 pH 值太小，EDTA 容易与 H^+ 结合，无法再与 Ca^{2+}、Mg^{2+} 离子配合；pH 值太大，Ca^{2+}、Mg^{2+} 易生成沉淀。故通常选择 pH=10 的氨性缓冲溶液来控制体系的酸碱度。

铬黑 T 是常用的金属指示剂，在水中存在如下电离平衡式：

$$\underset{(\text{红色})}{H_2In^-} \xrightleftharpoons{pH=6.3} \underset{(\text{蓝色})}{HIn^{2-}} \xrightleftharpoons{pH=11.5} \underset{(\text{橙色})}{In^{3-}}$$

铬黑 T 在溶液中的 pH 值小于 6.3 时显红色，大于 11.6 时显橙色，pH=6.3～11.6 范围内显蓝色，与二价金属离子形成的配合物大部分是红色或紫红色，滴定至终点时溶液由紫红色瞬间变为蓝色，这是因为滴定前，蓝色的指示剂铬黑 T(EBT)与 Mg^{2+} 结合生成紫红色 M—EBT，滴定开始并随着 EDTA 浓度提高，溶液中 Ca^{2+}、Mg^{2+} 与 EDTA 络合，EDTA 夺取与铬黑 T 结合的金属离子，释放出指示剂，从而溶液的颜色由紫红色变为蓝色。

在测定中微量的 Fe^{3+}、Al^{3+} 等易产生干扰，可以用三乙醇胺掩蔽，测定 Ca^{2+} 和 Mg^{2+} 总含量计算公式为

$$\text{水的总硬度}(^\circ)=\frac{C_{EDTA}\times V_{EDTA}\times M_{CaO}\times 10^3}{V_{H_2O}\times 10}$$

三、仪器与试剂

1. 仪器

电子天平，酸式滴定管(50 mL)，锥形瓶(250 mL)，容量瓶(250 mL)，移液管，烧杯等。

2. 试剂

EDTA 二钠盐(s，AR)，锌基准试剂，氨性缓冲溶液(pH≈10)，铬黑 T(EBA)指示剂(1%的三乙醇胺无水乙醇溶液)，三乙醇胺(1∶1)，自来水试样等。

四、实验步骤

1. 溶液的配制

(1) 配制 250 mL 0.01 mol・L^{-1}的 Zn^{2+} 标准溶液。准确称取所需质量的基准锌于 150 mL 烧杯中，加入 6 mL HCl 溶液(1∶1)，立即盖上表面皿，待锌完全溶解，用少量的水冲洗表面皿和烧杯内壁。将 Zn^{2+} 溶液转移至 250 mL 容量瓶中，加水稀释至刻度，摇匀，计算 Zn^{2+} 标准溶液浓度。

(2) 配制 250 mL 0.01 mol・L^{-1}的 EDTA 溶液。称取所需的 EDTA 二钠盐于烧杯中，溶解，加水稀释至 250 mL，转移至聚乙烯塑料瓶中待用。

2. EDTA 溶液的标定

用移液管吸取 25.00 mL Zn^{2+} 标准溶液于锥形瓶中，加 20 mL 水和 5 mL 的氨缓冲溶液，再加 3 滴铬黑 T 指示剂，摇匀，用 EDTA 溶液滴定，当溶液由紫红色变为蓝紫色即为滴定终点，记录消耗 EDTA 溶液体积，平行测定三次。取平均值计算 EDTA 的准确浓度。

3. 总硬度的测定

用移液管移取100 mL自来水样于250 mL锥形瓶中，加入5 mL氨缓冲溶液和3 mL三乙醇胺，和3滴铬黑T指示剂，摇匀，用EDTA标准溶液滴定至溶液由紫红色变为蓝紫色（即为滴定终点）。记录消耗的EDTA溶液体积，平行测定3次，计算水的总硬度。

五、思考题

（1）测定水的总硬度时，为什么要控制溶液的pH值为10?

（2）测定水的总硬度时，哪些离子的存在会干扰测定？如何消除干扰？

注释

[1] 水的硬度在0～4度为很软水，4～8度为软水，8～16度为中等硬水，16～30度为硬水，大于30度为很硬水。

实验十七 胃舒平药片中铝、镁含量的测定

胃舒平药片又称复方氢氧化铝药片，是一种价格便宜、效果良好的抗酸胃药，其主要作用是解痉、止痛和保护胃黏膜等。主要成分为氢氧化铝、三硅酸镁及少量颠茄流浸膏（由颠茄草制得），实验室中胃舒平药片中铝、镁含量的测定可用配位滴定法进行。

一、实验目的

（1）学会采样及试样前处理方法；

（2）掌握返滴定的原理及铝、镁含量测定的方法。

二、实验原理

1. Al_2O_3 含量的测定原理

氢氧化铝是胃舒平药片中主要成分之一，药典规定氢氧化铝测定是以 Al_2O_3 计算。氧化铝的测定可用配合滴定法进行，由于 Al^{3+} 与EDTA的配位反应速度较慢，且无合适的适用pH值范围，故需采用返滴定法。

在已经处理得到的药片溶液中，定量加入过量的EDTA溶液，加热煮沸，加速促进 Al^{3+} 与EDTA反应，剩余的EDTA用硫酸铜标准溶液返滴定，达到计量点后，稍过量的 Cu^{2+} 与指示剂1-(2-吡啶偶氮)-2-萘酚(PAN)络合，溶液颜色逐渐由黄色变为紫色。其反应式为

$$Al^{3+} + H_2Y^{2-}\text{（定量过量）} \rightleftharpoons AlY^{-} + 2H^{+} + H_2Y^{2-}\text{（过量剩余）}$$

$$H_2Y^{2-}\text{（过量剩余）} + Cu^{2+} \rightleftharpoons CuY^{2-}\text{（蓝色）} + 2H^{+}$$

$$Cu^{2+} + PAN(黄色) \rightleftharpoons Cu-PAN(深红色)$$

值得注意的是，由于溶液中存在三种有色物质，分别是 CuY^{2-}（蓝色）、PAN（黄色）和 Cu-PAN（深红色）。因此，在滴定过程中溶液的颜色取决于三种有色物质的相对含量及浓度，所以，颜色的变化是渐变过程，终点颜色的判断较为复杂，应注意观察。

2. MgO 含量的测定原理

胃舒平中除了含有氢氧化铝外，还有三硅酸镁，根据药典要求，其含量是按 MgO 计算。

三硅酸镁测定是以铬黑 T 作指示剂，用 EDTA 为配合剂，采用直接滴定法测镁的含量。反应式如下。

滴定前：

$$Mg^{2+} + HIn^{2-} = MgIn^{-} + H^{+}$$

滴定：

$$HY^{3-} + Mg^{2+} = MgY^{2-} + H^{+}$$

终点：

$$MgIn^{-}(紫红) + HY^{3-} = MgY^{2-} + HIn^{2-}(蓝色)$$

三、仪器与试剂

1. 仪器

电子天平，酸式滴定管（50 mL），烧杯，锥形瓶（250 mL），容量瓶（250 mL），移液管等。

2. 试剂

胃舒平药片，铬黑 T 指示剂，EDTA 溶液（0.01 mol・L^{-1}），$CuSO_4$ 溶液（0.01 mol・L^{-1}），HCl 溶液（1∶1），0.2%PAN 指示剂，HAc－NaAc 缓冲溶剂（pH＝4.3），三乙醇胺溶液（1∶1），NH_3－NH_4Cl 缓冲溶液（pH＝10）。

四、实验步骤

1. 样品处理

取胃舒平药片 10 片于研钵中并研细[1]。准确称取药片粉 2 g 于 250 mL 烧杯中，在不断搅拌下，缓慢加入 20 mL 浓盐酸、100 mL 蒸馏水。加热煮沸 5 min 后，冷却、静置、过滤，用蒸馏水多次洗涤沉淀物，合并滤液及洗涤液，收集于 250 mL 容量瓶中，加蒸馏水稀释至刻度，摇匀待用。

2. 0.01 mol・L^{-1} EDTA 标准溶液的标定

见实验十六。

3. 0.01 mol・L^{-1} $CuSO_4$ 标准溶液的标定

(1) 准确移取 0.01 mol・L^{-1} EDTA 20.00 mL 于 250 mL 锥形瓶中，再加 pH＝4.3 的 HAc－NaAc 缓冲溶液 20 mL，振荡、摇匀。

(2) 加热煮沸 2～3 min 后，冷却至 90 ℃，滴加 4 滴 0.2%PAN 指示剂，用 0.01 mol・L^{-1} $CuSO_4$ 溶液进行滴定。滴定前溶液呈黄色（为什么?），随着 $CuSO_4$ 标准溶液的加入，溶液颜色逐渐变绿并加深，直至再加入一滴突然变紫色(为什么?)，即达到终点[2]，平行测定3次。

(3) 根据EDTA标准溶液的浓度，计算出$CuSO_4$标准溶液的浓度。

4. Al_2O_3含量的测定

(1) 准确移取滤液5.00 mL于250 mL锥形瓶中，分别加入EDTA标准溶液25.00 mL，pH=4.3的HAc—NaAc缓冲溶液20 mL，振荡、摇匀。

(2) 加热煮沸2～3 min，冷却至90 ℃，滴加4滴0.2%PAN指示剂，用0.01mol・L^{-1} $CuSO_4$标准溶液进行滴定。滴定前溶液呈黄色，随着$CuSO_4$标准溶液的加入，溶液颜色逐渐变绿并加深，直至再加入半滴突然变紫色，即达到终点。

(3) 根据滴定消耗$CuSO_4$标准溶液量，计算药片中Al_2O_3的含量(质量分数)，平行测定3次。

5. MgO含量的测定

(1) 准确移取滤液25.00 mL于250 mL锥形瓶中，分别加入25 mL蒸馏水、10 mL三乙醇胺溶液(1∶1)和10 mL NH_3—NH_4Cl缓冲溶液(pH=10)。混合均匀后，再滴加1～2滴铬黑T指示剂。

(2) 用EDTA标准溶液滴定，当溶液颜色由紫色转变为纯蓝色时，表明达到终点。

(3) 根据滴定消耗EDTA标准溶液体积，计算药片中MgO的含量(质量分数)，平行测定3次。

五、数据记录和处理

(1) 计算Al_2O_3的量

$$每片中Al_2O_3的克数=[(cxV)_{EDTA}-(cxV)_{CuSO_4}]\times\frac{M_{Al_2O_3}}{2000}\times\frac{250.00}{5.00}\times\frac{m_1}{m_2\times10}$$

(2) 计算MgO的量

$$每片中MgO的克数=\frac{(cxV)_{EDTA}\times M_{MgO}}{1000}\times\frac{250.00}{5.00}\times\frac{m_1}{m_2\times10}$$

六、思考题

(1) 通常测定铝的含量中为何不采用直接滴定法?

(2) 能否直接配制得到$CuSO_4$的标准溶液？为什么?

注释

[1] 胃舒平药片中镁铝含量可能不够均匀，为保证测定结果的准确性，应研细后混合均匀再进行分析测定。

[2] 由于滴定过程溶液有三种有色物质共存，达到终点紫色前，溶液颜色可能会出现黄、黄绿、灰绿、蓝绿、紫色等渐变颜色，所以要注意观察。

实验十八　铁矿石中全铁含量的测定（无汞测定铁）

铁矿石主要指磁铁矿（Fe_3O_4）、赤铁矿（Fe_2O_3）和菱铁矿（$FeCO_3$）。不同矿石的全铁含量各不相同。重铬酸钾法是测定矿石中全铁含量的标准方法。

重铬酸钾法分为氧化汞测铁法和无汞测铁法。前者虽然方法准确、简便，但所用的汞是剧毒物质，对环境有污染，为了减少污染，从20世纪60年代起，已经研究出很多无汞测铁的方法，如氯化亚锡一三氯化钛一重铬酸钾无汞测定铁法已被多数教材采用。本文采用氯化亚锡一甲基橙一重铬酸钾无汞法来测定铁矿石中全铁含量。

一、实验目的

（1）掌握重铬酸钾标准溶液的配制；

（2）理解甲基橙在测铁中的不同作用；

（3）掌握重铬酸钾法测定铁含量的原理和方法；

（4）了解铁砂石的分解方法及样品溶液的预处理。

二、实验原理

铁矿石中铁主要是以Fe（Ⅱ）、Fe（Ⅲ）形式存在。测定铁矿石中全铁的含量，首先用浓盐酸将铁矿石溶解。溶解的试液中Fe（Ⅲ）被过量的$SnCl_2$还原转化成Fe（Ⅱ），最后用$K_2Cr_2O_7$标准溶液滴定Fe^{2+}，由此可测得铁矿石中全铁的含量。

1. Fe（Ⅲ）被还原成Fe（Ⅱ）

用盐酸分解铁矿石后，加入过量的$SnCl_2$（作还原剂）将Fe（Ⅲ）还原成Fe（Ⅱ），化学反应方程式为

$$2FeCl_3 + SnCl_2 = 2FeCl_2 + SnCl_4$$

$SnCl_2$还原Fe（Ⅲ）时，以甲基橙指示滴定终点。这里，甲基橙扮演着双重“角色”，既是氧化剂，又是指示剂。

溶液中Fe（Ⅲ）被$SnCl_2$还原后，过量的$SnCl_2$可以被甲基橙“消耗”除去[1]。在此甲基橙为氧化剂，$SnCl_2$作还原剂，二者发生氧化还原反应。反应中，因橙色的甲基橙转化成无色的氢化甲基橙，溶液颜色变化，可以指示Fe（Ⅲ）转化成Fe（Ⅱ）的还原终点。

具体反应如下：首先“橙色”的甲基橙被$SnCl_2$还原成“无色”氢化甲基橙，进一步被还原成对氨基苯磺酸和N，N-二氨基对苯二胺。化学反应方程式为

$$NaO_3S-C_6H_4-N{=}N-C_6H_4-N(CH_3)_2 \xrightarrow[\text{被还原}]{SnCl_2} NaO_3S-C_6H_4-NH-NH-C_6H_4-N(CH_3)_2$$

甲基橙（橙色）　　　　氢化甲基橙（无色）

$$SO_3Na-C_6H_4-NH-NH-C_6H_4-N(CH_3)_2 \xrightarrow[\text{被还原}]{SnCl_2} SO_3Na-C_6H_4-NH_2 + H_2N-C_6H_4-N(CH_3)_2$$

2. $Cr_2O_7^{2-}$ 滴定 Fe^{2+}

铁矿石试样经过溶解、、Fe（Ⅲ）转化成 Fe(Ⅱ)等处理后，用重铬酸钾标准溶液滴定试液中 Fe(Ⅱ)，化学反应方程式为

$$6Fe^{2+} + Cr_2O_7^{2} + 14H^{+} = 6Fe^{3+} + 2Cr^{3+} + 7H_2O$$

在滴定前，溶液中 Fe^{3+} 是以黄色的 $[FeCl_4]^-$ 形式存在，会影响终点颜色的观察。可通过加入 H_2SO_4/H_3PO_4，使黄色 $[FeCl_4]^-$ 转化成无色的 $[Fe(HPO_4)_2]^+$ 配离子，消除终点观察干扰。同时也可以降低 Fe^{3+}/Fe^{2+} 电对的电位，有利于二苯胺磺酸钠的终点指示。

三、仪器和试剂

1. 仪器

电子天平，酸式滴定管(50 mL)，烧杯，锥形瓶(250 mL)，容量瓶(250 mL)，移液管等。

2. 试剂

浓盐酸(AR)，$SnCl_2$(50 g·L^{-1}，100 g·L^{-1})，甲基橙(1 g·L^{-1})，H_2SO_4/H_3PO_4 混酸，二苯胺磺酸钠(2 g·L^{-1})，$K_2Cr_2O_7$(s，AR)等。

四、实验步骤

1. $K_2Cr_2O_7$ 标准溶液的配制[2]

准确称取 0.6129 g $K_2Cr_2O_7$ 于烧杯中，加少许蒸馏水溶解，定量转移至 250 mL 容量瓶中，加水定容，计算 $K_2Cr_2O_7$ 溶液的浓度。

2. 铁矿石中全铁含量的测定

(1) 铁矿石的溶解。准确称取 1.0～1.5 g 铁矿石粉末，放入 50 mL 小烧杯中，用少量水润湿后加入 20 mL 浓盐酸，盖上表面皿，在通风柜中低温[3]加热分解试样，若有带色不溶残渣，可滴加 20～30 滴 100 g·L^{-1} $SnCl_2$ 助溶[4]。试样分解完全时，残渣接近白色(SiO_2)，用少量水吹洗表面皿及烧杯壁，冷却后转移至 250 mL 容量瓶中，加水稀释至刻度并摇匀。

(2) Fe(Ⅲ)转化成 Fe(Ⅱ)。移取试样溶液 25.00 mL 于锥形瓶中，加 8 mL 浓盐酸[5]，将其低温加热至近沸，加入 6 滴甲基橙，趁热边摇动锥形瓶边逐滴加入 100 g·L^{-1} $SnCl_2$ 还原 Fe^{3+}。当溶液由橙色变为红色时，继续滴加 50 g·L^{-1} $SnCl_2$(边滴边摇)直至溶液变为粉红色，再振摇几下粉红色退去[6]，立即用流水冷却至室温。

(3) $Cr_2O_7^{2-}$ 滴定 Fe^{2+}。在冷却后的溶液中，分别加 50 mL 蒸馏水、20 mL 硫磷混酸[7]和 4 滴二苯胺磺酸钠，立即用 $K_2Cr_2O_7$ 标准溶液进行滴定。当溶液变为稳定的紫红色即为滴定终点。平行测定 3 次，计算铁矿石中全铁的含量(质量分数)。

五、思考题

(1) $K_2Cr_2O_7$为什么可以直接准确称量配制准确浓度的溶液?

(2) 溶解铁矿石时,为什么要在低温下进行?如果加热至沸腾会产生什么影响?

(3) $SnCl_2$还原Fe^{3+}的条件是什么?如何控制$SnCl_2$不过量?

(4) 以$K_2Cr_2O_7$标准溶液滴定Fe^{2+}时,加入H_3PO_4的作用是什么?

(5) 本实验中甲基橙的作用是什么?

注释

[1] 用$SnCl_2$还原Fe(Ⅲ),过量的$SnCl_2$必须除去,这是因为在后面的$Cr_2O_7^{2-}$滴定Fe^{2+}中,Sn^{2+}会消耗$Cr_2O_7^{2-}$,干扰滴定。

[2] 配制$K_2Cr_2O_7$标准溶液前,提前将$K_2Cr_2O_7$在150～180 ℃烘箱中干燥2 h,再放入干燥器中冷却至室温,然后再用。

[3] 低温加热是防止盐酸挥发,降低溶液酸度。

[4] "助溶"是指难溶性药物在水中,当加入第三种物质时能增加其溶解度。滴加少许$SnCl_2$溶液可以促进铁矿石的溶解。

[5] 溶解后的试样溶液,盐酸浓度应控制在4 $mol \cdot L^{-1}$。若大于6 $mol \cdot L^{-1}$,Sn^{2+}则优先将甲基橙还原为无色,无法指示Fe^{3+}被还原终点,盐酸浓度低于2 $mol \cdot L^{-1}$,则甲基橙退色缓慢。

[6] 加入$SnCl_2$如果红色立即退去,说明$SnCl_2$已经过量,可补加1滴甲基橙,以除去稍过量的$SnCl_2$。若溶液呈现粉红色,表明$SnCl_2$不过量。

[7] 滴定前加硫磷混酸目的:一是降低Fe^{3+}/Fe^{2+}电对电位。$Cr_2O_7^{2-}$滴定Fe^{2+},滴定突跃范围为0.93～1.34 V;用二苯胺磺酸钠为指示剂时,其条件电位为0.85 V,加入硫磷混酸因Fe^{3+}生成$[Fe(HPO_4)_2]^+$,从而降低Fe^{3+}/Fe^{2+}电对的电位,突跃范围变成0.71～1.34 V,指示剂可以在此范围内变色。二是可消除黄色$[FeCl_4]^-$对终点观察的干扰。硫酸的作用是调节溶液的酸度,避免难溶物$FePO_4$析出,有利于Fe^{3+}(或$[FeCl_4]^-$)转化成$[Fe(HPO_4)_2]^+$。

实验十九　葡萄糖注射液中葡萄糖含量的测定

葡萄糖是人体主要的热量来源之一。钠和氯是机体内重要的电解质,主要存在于细胞外液中,对维持人体正常的血液和细胞外液的容量和渗透压起着非常重要的作用。葡萄糖注射液是常用的医用注射剂,是用来调节人体内盐水、电解质及酸碱平衡的试剂,主要用于补充热能和体液。本实验利用氧化还原滴定法中的碘量法来测定注射液中葡萄糖含量。

一、实验目的

(1) 掌握间接碘量法测定葡萄糖含量原理和方法;

(2) 理解碘的变价条件及其在测定葡萄糖含量中的应用原理；

(3) 掌握 $Na_2S_2O_3$ 和 I_2 标准溶液配制与标定。

二、实验原理

碘量法是利用的 I_2 氧化性和 I^- 的还原性为基础的一种氧化还原滴定方法。I_2 作为氧化剂常被中强还原剂（如 Sn^{2+}，H_2S 等）还原；I^- 作为还原剂可被中强或强的氧化剂（如 $Cr_2O_7^{2-}$、MnO_4^-、Fe^{3+} 等）氧化。其滴定方式分为两种：直接碘量法和间接碘量法，间接滴定法也称为返滴定法。

本实验是通过间接碘量法测定注射液中葡萄糖的含量。碘在 NaOH 溶液中可发生歧化反应生成次碘酸钠（NaIO），次碘酸钠能定量地将葡萄糖（$C_6H_{12}O_6$）氧化成葡萄糖酸（$C_6H_{12}O_7$）。

I_2 与 NaOH 发生歧化反应：

$$I_2 + 2NaOH = NaIO + NaI + H_2O \tag{1}$$

NaIO 定量氧化 $C_6H_{12}O_6$：

$$C_6H_{12}O_6 + NaIO = C_6H_{12}O_7 + NaI \tag{2}$$

(1)式+(2)式得总反应式(3)：

$$I_2 + C_6H_{12}O_6 + 2NaOH = C_6H_{12}O_7 + 2NaI + H_2O \tag{3}$$

当 $C_6H_{12}O_6$ 作用完后，剩下的 NaIO 在碱性条件下可继续发生歧化反应：

$$3NaIO = NaIO_3 + 2NaI \tag{4}$$

歧化的产物（$NaIO_3$ 和 NaI）在酸性条件下又可发生氧化还原反生成 I_2：

$$NaIO_3 + 5NaI + 6HCl = 3I_2 + 6NaCl + 3H_2O \tag{5}$$

最后，析出的碘用硫代硫酸钠标准溶液滴定：

$$I_2 + 2Na_2S_2O_3 = Na_2S_4O_6 + 2NaI \tag{6}$$

由以上反应可以看出，硫代硫酸钠（$Na_2S_2O_3$）与单质碘（I_2）、次碘酸钠（NaIO）和葡萄糖（$C_6H_{12}O_6$）之间的反应计量比为 2∶1∶1∶1，根据计算可以测定出葡萄糖的含量。

三、仪器和试剂

1. 仪器

台秤，烧杯，量筒，锥形瓶，容量瓶（100 mL，250 mL），移液管（25 mL），酸式和碱式滴定管（50 mL），棕色试剂瓶（250 mL），碘量瓶（250 mL）等。

2. 试剂

HCl 溶液（1∶1），NaOH 溶液（0.2 $mol \cdot L^{-1}$），$Na_2S_2O_3 \cdot 5H_2O$ 标准溶液（0.02 $mol \cdot L^{-1}$），I_2 溶液（0.01 $mol \cdot L^{-1}$），淀粉溶液（0.5%），$K_2Cr_2O_7$ 基准物质，葡萄糖注射液（5%），H_2SO_4（3 $mol \cdot L^{-1}$）等。

四、实验步骤

1. 溶液的配制和标定

(1) 0.02 mol·L^{-1} $Na_2S_2O_3$ 溶液的配制[1]。分别用台秤称取 1.2 g $Na_2S_2O_3 \cdot 5H_2O$ 和 0.04 g 的 Na_2CO_3 置于 50 mL 烧杯中，加入适量的刚煮沸并已冷却的蒸馏水，溶解后转移至棕色试剂瓶中，继续加水稀释至 250 mL，混匀，避光保存 7～10 天后标定。

(2) 0.01 mol·L^{-1} I_2溶液的配制。分别称取约 0.6 g 研细的 I_2和 1.2 g KI 于 50 mL 烧杯中(在通风橱中操作)，加 4 mL 水充分搅拌混合，待碘完全溶解后，转移至棕色试剂瓶中，加水稀释至 250 mL 后混合均匀，放置于暗处保存。

(3) 0.02 mol·L^{-1} $Na_2S_2O_3$标准溶液的标定。准确称取 0.10～0.12 g 经预先干燥过的 $K_2Cr_2O_7$基准物质[2]于 50 mL 烧杯中，用少量蒸馏水溶解后转移至 100 mL 容量瓶中，加水稀释至刻度，摇匀，待用。

用移液管移取 $K_2Cr_2O_7$ 标准溶液 25.00 mL 于 250 mL 碘量瓶中，分别加入 10 mL 3 mol·L^{-1} H_2SO_4溶液、0.4 g KI 和 10 mL 蒸馏水，盖好塞子，混匀，置于暗处 10 min，使反应进行完全。再加50 mL水稀释后，立即用待标定的 $Na_2S_2O_3$溶液进行滴定，至溶液呈浅黄色时，加 2 mL 淀粉溶液，此时溶液呈蓝色，继续滴入 $Na_2S_2O_3$溶液，至蓝色恰好转变为浅绿色即为滴定终点。平行测定 3 次。计算 $Na_2S_2O_3$标准溶液的浓度。

(4) 0.01mol·L^{-1} I_2标准溶液的标定。从滴定管中放出已经标定过的 $Na_2S_2O_3$溶液 25.00 mL 于 50 mL 锥形瓶中，加入 2 mL 淀粉指示剂，用 I_2标准溶液滴定至蓝色，30 s 不退色即为滴定终点。平行测定 3 次。计算 I_2标准溶液的浓度。

2. 葡萄糖含量的测定

(1) 准确移取 1 mL 葡萄糖注射液(5%)于 100 mL 容量瓶中，稀释并定容，其浓度约为 0.05%。

(2) 准确移取 25.00 mL 葡萄糖注射液(5%)于锥形瓶中，再准确移入 25.00 mL I_2标准溶液，摇动中慢慢[3]滴加(0.2 mol·L^{-1})NaOH 溶液，直至溶液呈淡黄色。将锥形瓶用表面皿盖好[4]，放置 10～15 min，加 1 mL HCl(1∶1)使溶液成酸性[5]，立即用 $Na_2S_2O_3$溶液滴定，至溶液呈浅黄色时加入 2 mL 淀粉溶液，继续滴定至蓝色刚好消失为滴定终点，记下滴定读数。平行测定 3 次，计算葡萄糖的含量(质量分数)。

五、数据处理

1. $Na_2S_2O_3$ 标准溶液计算公式

$$c(Na_2S_2O_3)=\frac{6\times m(K_2Cr_2O_7)\times 1000}{M(K_2Cr_2O_7)\times V(Na_2S_2O_3)}$$

2. I_2标准溶液计算公式

$$c(I_2)=\frac{c(Na_2S_2O_3)\times V(Na_2S_2O_3)}{2\times V(I_2)}$$

3. 葡萄糖的含量计算公式

$$C_6H_{12}O_6\ 含量(质量分数,\%)=\frac{[2c(I_2)\times V(I_2)-c(Na_2S_2O_3)\times V(Na_2S_2O_3)]\times M(C_6H_{12}O_6)\times 100}{2000\times 25.00}$$

六、思考题

(1) 为什么 I_2 标准溶液不宜用纯碘直接配制?

(2) 配制 I_2 溶液时加入 KI 的目的是什么?

(3) 若用 $Na_2S_2O_3$ 标准溶液滴定 I_2 标准溶液时,淀粉指示剂在什么时候加入比较合适?

(4) 本实验用间接碘量法测定葡萄糖含量可能产生的误差有哪些? 如何避免?

注释

[1] 硫代硫酸钠晶体($Na_2S_2O_3\cdot 5H_2O$)中常含有 S、Na_2SO_4、Na_2CO_3 及 NaCl 等少量杂质,同时还容易风化和潮解,因此不能直接配制成标准溶液。通常是将 $Na_2S_2O_3$ 配成近似浓度的溶液,然后再以 $K_2Cr_2O_7$ 作基准物质标定 $Na_2S_2O_3$ 溶液的浓度。$K_2Cr_2O_7$ 先与过量的 KI 反应,析出的 I_2,再用 $Na_2S_2O_3$ 溶液滴定,以淀粉为指示剂。这个标定方法是间接碘法的应用。反应式如下:

$$Cr_2O_7^{2-}+6I^-+14H^+ = 2Cr^{3+}+3I_2+7H_2O$$

$$I_2+2S_2O_3^{2-} = S_4O_6^{2-}+2I^-$$

[2] 见实验十八注释[2]。

[3] 加碱的速度不宜太快,否则生成的 NaIO 来不及氧化葡萄糖而歧化,使测定结果偏低。

[4] 如使用碘量瓶,则不需要加表面皿,只需塞住瓶塞即可。

[5] 溶液变为酸性时,由于 I_2 的析出而使溶液呈红棕色。

实验二十　水果中维生素 C 含量的测定

维生素 C(Vc)是一种水溶性维生素,又称 L-抗坏血酸,是高等灵长类动物与其他少数生物的必需营养素。在生物体内,Vc 是一种抗氧化剂,保护身体免于自由基的威胁,提高抵抗能力。在临床医学中主要用于坏血病的预防与治疗,也可以辅助预防癌症、心脏病、高血脂等疾病,治疗贫血、感冒,保护牙齿、牙龈,减少皮肤黑色素沉积,具有美容、美白等功效。

维生素 C 主要来源于各类新鲜蔬果中,如橘子、猕猴桃、柠檬、番茄、辣椒和黄瓜等含量尤为丰富。人们经常食用这些蔬菜和水果,除了可以摄取其他营养外,也是摄取 Vc 的主要途径。

不同的蔬菜和水果,其 Vc 的含量都有所不同,如何测定水果和蔬菜中 Vc 的含量呢?实验室中测定的方法[1]很多,本实验采取直接碘量法对果蔬中 Vc 含量进行测定。

一、实验目的

(1) 掌握碘标准溶液的配制及标定;

(2) 掌握直接碘量法测定果蔬中 Vc 含量的原理和方法。

二、实验原理

维生素 C 分子式为 $C_6H_8O_6$，由于分子式中的烯二醇基很具有还原性，所以它极不稳定，在空气中极易被氧化，在碱性介质中更易被氧化，受热或在溶液中极易分解。如市售的维生素 C 药品通常被保存在棕色瓶中，放置在避光、干燥处。

直接碘量法测定果蔬中 Vc 含量，就是利用单质碘能与维生素 C 发生氧化还原反应，即分子中的烯二醇基被氧化成二酮基。反应方程式为

```
 ┌───O───┐         H  OH                 ┌───O───┐         H  OH
 │       │         │  │                  │       │         │  │
 C─C══C──C───C───CH    + I2 ⇌            C──C──C──C───C───CH    + 2HI
 ‖  │  │  │   │   │                      ‖  ‖  ‖  │   │   │
 O  OH OH H   OH  H                      O  O  O  H   OH  H
```

在测定中，为减少果汁中的 Vc 被空气氧化，通常在滴定前加入一定量的 HAc 酸化溶液，减少或避免果汁中 Vc 的流失。

三、仪器与试剂

1. 仪器

电子天平，容量瓶（100 mL，250 mL），酸式滴定管（50 mL），烧杯，锥形瓶（250 mL），移液管、微型水果榨汁机等。

2. 试剂

I_2 标准溶液（0.02 $mol \cdot L^{-1}$），HAc（2 $mol \cdot L^{-1}$），$Na_2S_2O_3$（0.01 $mol \cdot L^{-1}$）标准溶液，淀粉指示剂（1%）等。

四、实验内容

1. I_2 溶液的配制和标定

I_2 标准溶液通过 $Na_2S_2O_3$ 标准溶液进行标定。具体配制与标定参见实验十九（实验步骤 1. 溶液的配制和标定）。

2. 果汁维生素 C 含量的测定

（1）取新鲜的果肉（橘子、番茄、橙等），将其洗净晾干，准确称取样品 100 g，用微型榨果机榨汁，得果浆待用。

（2）称取 30～50 g 果浆液于 250 mL 锥形瓶中，迅速分别加入 2 $mol \cdot L^{-1}$ HAc 溶液 10 mL 和 2 mL 指示剂淀粉溶液，立即用 I_2 标准溶液滴定果浆，至溶液呈稳定的蓝色，即为滴定终点。平行滴定 3 次，计算果浆中 Vc 的含量（质量分数）。

五、思考题

(1) Vc 本身是一种酸,为什么测定时还需加入醋酸?

(2) 用 I_2 标准溶液滴定果浆溶液时,为什么操作要迅速?

实验二十一　氯化物中氯含量的测定(银量法)

在人类的生存活动中,氯化物有很重要的生理作用及工业用途。如食用盐的主要成分有氯化钠和氯化钾,常用的干燥剂有氯化钙、氯化镁等;"氯胺"化肥是一种速效氮素化肥,主要成分是氯化铵;点豆腐的卤水主要成分中也含有氯化钠和氯化镁。可见,氯化物与人类生活息息相关。

如何测定氯化物中氯的含量呢?在实验室中多采用银量法测定。所谓银量法是一种以硝酸银液为滴定液,测定能与 Ag^+ 反应生成难溶性沉淀的滴定分析法。根据测定中所用指示剂不同,银量法又分为莫尔法(铬酸钾作指示剂)和佛尔哈德法(铁铵钒为指示剂)等。下面将分别介绍莫尔法和佛尔哈德法测定氯化物中氯的含量。

方法Ⅰ　莫尔法

一、实验目的

(1) 掌握硝酸银标准溶液的配制与标定方法;

(2) 理解莫尔法测定氯离子的原理;

(3) 掌握莫尔法测定氯离子的条件(pH 值,指示剂用量)与方法。

二、实验原理

银量法,其实就是以沉淀反应为基础的滴定分析方法,是四大滴定方法之一。莫尔法测定原理是:在中性或弱碱性溶液中,最适宜的 pH 值范围为 6.5～10.5(如果有铵盐存在,pH 值控制在 6.5～7.2)。以 K_2CrO_4 为指示剂,用 $AgNO_3$ 标准溶液滴定待测氯化物溶液。主要反应式如下:

$$Ag^+ + Cl^- \longrightarrow AgCl\downarrow(白色), \qquad K_{sp}=1.8\times10^{-10}$$

$$2Ag^+ + CrO_4^{2-} \longrightarrow Ag_2CrO_4\downarrow(砖红色), \qquad K_{sp}=2.0\times10^{-12}$$

由于 AgCl 沉淀的溶解度比 Ag_2CrO_4 小,因此,溶液中首先析出 AgCl 沉淀。当 AgCl 定量沉淀后,过量 1 滴 $AgNO_3$ 溶液即与 CrO_4^{2-}(指示剂)生成砖红色 Ag_2CrO_4 沉淀,红色沉淀析出，表明达到终点[1]。

但在测定中，凡是能与 Ag^{+} 生成难溶物或配合物的阴离子都能产生干扰，如 PO_4^{3-}，AsO_4^{3-}，SO_3^{2-}，S^{2-}，CO_3^{2-}，$C_2O_4^{2-}$ 等。其中 H_2S 可加热煮沸除去，SO_3^{2-} 氧化成 SO_4^{2-} 后就不再有干扰，大量 Cu^{2+}、Ni^{2+}、Co^{2+} 等有色离子也会影响终点观察。此外，凡是能与 CrO_4^{2-} 生成难溶物的阳离子也干扰测定，如 Ba^{2+}、Pb^{2+} 能与 CrO_4^{2-} 分别生成 $BaCrO_4$ 和 $PbCrO_4$ 沉淀。Ba^{2+} 的干扰可加入过量的 Na_2SO_4 溶液消除。Al^{3+}、Fe^{3+}、Bi^{3+}、Sn^{4+} 等高价金属离子在中性或弱碱性溶液中易水解产生沉淀，也会干扰测定。

三、仪器和试剂

1. 仪器

电子天平，酸式滴定管(50 mL)，烧杯，锥形瓶(250 mL)，容量瓶(250 mL)，移液管等。

2. 试剂

NaCl 基准物质，$AgNO_3$ 溶液(0.1 mol·L^{-1})，K_2CrO_4 溶液(50 g·L^{-1})等。

四、实验步骤

1. 溶液的配置与标定

(1) NaCl 标准溶液的配制。准确称取 0.5～0.65 g NaCl 基准物质[2]于小烧杯中，蒸馏水溶解后，转移至 100 mL 容量瓶中，加水稀释至刻度，摇匀，待用。

(2) 0.1 mol·L^{-1} $AgNO_3$ 溶液的配制与标定。称取 8.5 g $AgNO_3$ 溶于不含 Cl^{-} 的蒸馏水中，转移至 500 mL 棕色试剂瓶中，避光暗处保存，待用。

准确移取 25.00 mL NaCl 标准溶液于 250 mL 锥瓶中，加入 25 mL 蒸馏水和 1.00 mL K_2CrO_4 溶液[3]，在不断摇动条件下，用 $AgNO_3$ 溶液滴定至白色沉淀中出现砖红色即为滴定终点。平行测定 3 次。

根据 NaCl 的质量和滴定所消耗的 $AgNO_3$ 溶液的体积，计算 $AgNO_3$ 溶液的浓度。

2. 试样中氯的含量测定

(1) 准确称取 2 g NaCl 试样置于烧杯中，加少许蒸馏水溶解后，转移至 250 mL 容量瓶中，加水稀释至刻度，摇匀。

(2) 用移液管移取 25.00 mL 试液于 250 mL 锥瓶中，分别加入 25 mL 水、1.00 mL K_2CrO_4 溶液，在不断摇动条件下，用 $AgNO_3$ 标准溶液滴定至白色沉淀中出现砖红色即为滴定终点。平行测定 3 次。计算试样中氯的含量(质量分数，以 NaCl 计)。

实验完毕后，将装 $AgNO_3$ 溶液的滴定管先用自来水洗净，以免 AgCl 残留于管内。

五、思考题

(1) 莫尔法测氯含量时，为什么溶液的 pH 值需控制在 6.5～10.5？如何调节？

(2) 以 K_2CrO_4 作指示剂时，指示剂浓度过大或过小对测定有什么影响？

(3) NaCl基准试剂为什么要经过 250～350 ℃热处理？如未处理直接配制来标定$AgNO_3$溶液，将对测定结果有什么影响？

(4) $AgNO_3$ 溶液应装在酸式滴定管内还是碱式滴定管内？为什么？

(5) 在滴定过程中为什么要不断摇动锥形瓶？其原因是什么？

六、数据处理

1. 计算 $AgNO_3$ 标准溶液浓度

$$c(AgNO_3)=\frac{M(NaCl)}{C(NaCl)V(AgNO_3)}$$

2. 计算试样溶液中氯的含量

$$C_{Cl^-}=\frac{C(AgNO_3)V(AgNO_3)}{V_{试样}}$$

注释

[1] 在中性或碱性(pH=6.5～10.5)溶液中，AgCl 和 Ag_2CrO_4 都能产生沉淀。由于 AgCl 溶度积常数较 Ag_2CrO_4 溶度积常数小，因此用 $AgNO_3$ 滴定试样溶液，Cl^- 首先生成白色的 AgCl 沉淀，当 AgCl 沉淀完全时，过量 $AgNO_3$ 溶液再与溶液中 CrO_4^{2-}（指示剂)生成砖红色的 Ag_2CrO_4 沉淀，表明达到终点。

[2] NaCl 基准试剂：将 NaCl 在 250～350 ℃高温炉中灼烧半小时后，置于干燥器中待用。也可将 NaCl 放在带盖的瓷坩埚中，加热，并不断搅拌，待爆炸声停止后，继续加热 15 min，将坩埚放入干燥器中冷却后使用。

[3] K_2CrO_4 在此作指示剂。指示剂的用量对滴定有影响，这是因为浓度过大，Ag_2CrO_4 易过早出现，不仅干扰终点颜色观察，还会使得结果偏低；若 K_2CrO_4 浓度过小，终点则出现过迟，结果会偏高。根据人眼观察到最低色差要求，指示剂一般用量控制在 5×10^{-3} mol·L^{-1}。

方法Ⅱ　佛尔哈德法

一、实验目的

(1) 掌握 NH_4SCN 溶液的配制和标定；

(2) 掌握用佛尔哈德返滴定测定氯化物中氯含量的原理和方法。

二、实验原理

与莫尔法类似，在氯化物的酸性溶液中，加入过量的 $AgNO_3$ 标准溶液，使其定量生成 AgCl 沉淀后，过量的 $AgNO_3$ 以铁铵钒为指示剂，用 NH_4SCN 标准溶液返滴定。由于 Fe^{3+} 易与 SCN^- 生成血红色的配合物，所以能以此指示滴定终点。相关的反应式为

$$Ag^{+} + Cl^{-} = AgCl\downarrow \text{（白色）} \quad K_{sp} = 1.8\times10^{-10}$$

$$Ag^{+} + SCN^{-} = AgSCN\downarrow \text{（白色）} \quad K_{sp} = 1.0\times10^{-12}$$

$$Fe^{3+} + SCN^{-} = Ag(SCN)^{2+} \text{（红色）} \quad K_{1} = 138$$

指示剂用量对滴定结果有影响，一般 Fe^{3+} 浓度控制在 0.015 mol・L^{-1} 为宜。

滴定溶液的酸度控制在氢离子浓度为 0.1～1 mol・L^{-1} 范围内为宜。

剧烈振摇溶液下，加入硝基苯或石油醚保护 AgCl 沉淀，使其与水相溶液分开，防止 AgCl 沉淀与 SCN^{-} 相遇后，发生沉淀的转化而生成 AgSCN 沉淀（为什么?），从而消耗滴定剂 NH_4SCN。

三、仪器和试剂

1. 仪器

电子天平，酸式滴定管（50 mL），烧杯，锥形瓶（250 mL），容量瓶（250 mL），移液管等。

2. 试剂

$AgNO_3$ 溶液（0.1 mol・L^{-1}），NH_4SCN（s，AR），铁铵钒指示剂溶液（400 g・L^{-1}），HNO_3 溶液（1∶1），硝基苯（AR），NaCl 试样等。

四、实验步骤

1. 溶液的配制与标定

（1）0.1 mol・L^{-1} $AgNO_3$ 溶液的配制与标定

见方法Ⅰ莫尔法。

（2）NH_4SCN 溶液的配制与标定

称取 3.8 g NH_4SCN 于大烧杯中，加入 500 mL 水使其溶解。完全溶解后转移至试剂瓶中，待标定。

准确移取 25.00 mL $AgNO_3$ 标准溶液（0.1 mol・L^{-1}）于 250 mL 锥形瓶中，加入 5 mL HNO_3（1∶1）酸化，滴加 1.0 mL 铁铵钒指示剂，用 NH_4SCN 溶液滴定。滴定时剧烈振摇锥形瓶溶液，当滴至溶液颜色呈浅红色，且 30 s 不退色即为终点。平行标定 3 份。计算 NH_4SCN 标准溶液浓度。

2. 试样中氯的含量测定

（1）准确称取 2 g NaCl 试样置于烧杯中，加少许蒸馏水溶解后，转移至 250 mL 容量瓶中，加水稀释至刻度，摇匀。

（2）用移液管移取 25.00 mL 试液于 250 mL 锥瓶中，分别加入 25 mL 水、5 mL HNO_3（1∶1）及过量[1]的 $AgNO_3$ 标准溶液（由滴定管准确滴加到锥形瓶中），再加入 2 mL 硝基苯，用橡皮塞塞紧瓶口。

（3）剧烈振摇半分钟，使 AgCl 沉淀进入有机相（硝基苯）中，再加入 1 mL 铁铵钒指示剂。

（4）用 NH_4SCN 标准溶液滴定。当锥形瓶中溶液出现浅红色时，表明配合物 $Fe(SCN)^{2+}$

生成，且红色保持稳定不变，即达到终点。平行测定 3 份，计算试样中氯的含量。

五、思考题

(1) 佛尔哈德法测试样中氯的含量，为什么要加入硝基苯？

(2) 本实验中要用 HNO_3 酸化，能否用 HCl 或 H_2SO_4 酸化？

注释

[1] 加入 $AgNO_3$ 溶液于试样溶液中，Cl^- 立即会生成白色 AgCl 沉淀。在接近计量点时，氯化银要凝聚，振摇溶液，静置片刻，使沉淀沉降。然后在上层清液中滴加几滴 $AgNO_3$ 溶液，如不再有沉淀生成，表明 $AgNO_3$ 已加过量，这时再多加 5～10 mL $AgNO_3$ 溶液即可。

实验二十二 二水合氯化钡中钡含量的测定

实验室中水合氯化钡中钡的含量测定常用重量分析法。重量分析法是利用沉淀反应将待测组分以难溶化合物形式沉淀下来，经过滤、洗涤、烘干、灼烧后，转化成具有确定组成的称量形式，最后称量并计算被测组分含量，该分析方法称为重量分析法，也叫作沉淀重量分析法。

沉淀重量分析法对沉淀形式的要求有：溶解度小，以保证沉淀完全；沉淀的结晶形态好，以便于过滤、洗涤；沉淀的纯度高；沉淀易于转化为称量形沉淀。

同样，沉淀重量分析法对称量形式也是有要求的：有确定的化学组成；稳定；不易与 CO_2、O_2 和 H_2O 发生反应；摩尔质量足够大，以减小称量误差。

一、实验目的

(1) 了解测定 $BaCl_2 \cdot 2H_2O$ 中钡含量的原理和方法；

(2) 掌握晶形沉淀的制备、过滤、洗涤、灼烧及恒重等基本操作。

二、实验原理

$BaSO_4$ 重量法既可用于测定 Ba^{2+} 含量，也可用于测定 SO_4^{2-} 的含量。

称取一定量的 $BaCl_2 \cdot 2H_2O$，用水溶解，加稀 HCl 溶液酸化，加热至微沸，不断搅拌下，慢慢地加入稀热的 H_2SO_4，Ba^{2+} 与 SO_4^{2-} 反应，形成晶形沉淀。沉淀经过陈化、过滤、洗涤、烘干、炭化、灼烧后，以 $BaSO_4$ 形式称量，可求出 $BaCl_2 \cdot 2H_2O$ 中钡的含量。

用 $BaSO_4$ 重量法测定 Ba^{2+} 时，一般用稀 H_2SO_4 作沉淀剂。为了使 $BaSO_4$ 沉淀完全，H_2SO_4 必须过量[1]。

三、仪器与试剂

1. 仪器

电子天平，玻璃漏斗，烧杯，锥形瓶(250 mL)，容量瓶(250 mL)，沉帚(1 把)，坩埚，马弗炉，定量滤纸等。

2. 试剂

H_2SO_4(1 mol·L^{-1}，0.1 mol·L^{-1})，HCl(2 mol·L^{-1})，HNO_3(2 mol·L^{-1})，$AgNO_3$(0.1 mol·L^{-1})，$BaCl_2·2H_2O$(s，AR)等。

四、实验步骤

1. 沉淀的制备

(1) 准确称取两份 0.4～0.6 g $BaCl_2·2H_2O$ 试样，分别置于 250 mL 烧杯中，加入约 100 mL 蒸馏水，3 mL 2 mol·L^{-1} HCl 溶液，加热、搅拌、溶解至溶液近沸。

(2) 在两个 100 mL 烧杯中，分别加入 4 mL H_2SO_4(1 mol·L^{-1})和蒸馏水 30 mL，加热至近沸。在不断搅拌下，趁热将两份 H_2SO_4 溶液分别逐滴加入到两份热钡盐溶液中，直至 H_2SO_4 溶液全部加完为止。待 $BaSO_4$ 沉淀下沉后，于上层清液中加入 1～2 滴 0.1 mol·L^{-1} H_2SO_4 溶液，仔细观察沉淀是否完全。待沉淀完全后，盖上表面皿(切勿将玻璃棒从杯内拿出)，将沉淀放在水浴或沙浴上，保温 40 min，陈化[2]。

2. 沉淀的过滤和洗涤

(1) 用倾滗法将 $BaSO_4$ 沉淀过滤[3]，再用稀 H_2SO_4(1 mL 1 mol·L^{-1} H_2SO_4 加 100 mL 蒸馏水稀释)洗涤沉淀 3～4 次，每次约 10 mL。

(2) 将烧杯内的 $BaSO_4$ 沉淀定量转移到滤纸上，用沉帚由上而下擦拭烧杯内壁，再用小片滤纸擦拭杯壁，并将小片滤纸放于漏斗中，再用稀 H_2SO_4 洗涤 4～6 次，直至洗涤液中不含 Cl^- 为止[4]。

3. 空坩埚的恒重

将两个洁净的做好标记的瓷坩埚放在(800±20)℃的马弗炉中灼烧至恒重[5]。第一次灼烧 40 min，之后每次只灼烧 20 min。

4. 沉淀的灼烧和恒重

将折叠好的沉淀滤纸包置于已恒重的瓷坩埚中，将坩埚放在电炉上烘干、炭化、灰化后，再放到(800±20)℃的马弗炉中灼烧至恒重。计算 $BaCl_2·2H_2O$ 中钡的含量(质量分数)。

五、思考题

(1) 为什么要在稀热 HCl 溶液中且不断搅拌下逐滴加入沉淀剂沉淀 $BaSO_4$？HCl 加入太多有何影响？

(2) 什么要陈化？

(3) 为什么要在热溶液中沉淀 $BaSO_4$,但要中冷却后过滤?

(4) 为什么坩埚使用前要进行灼烧至恒重?

注释

[1] 由于 H_2SO_4 在高温下可挥发除去,故沉淀带下的 H_2SO_4 不致引起误差,因此沉淀剂可过量 50%～100%。如果用 $BaSO_4$ 重量法测定 SO_4^{2-} 时,沉淀剂 $BaCl_2$ 只允许过量 20%～30%,因为 $BaCl_2$ 灼烧时不易挥发除去。

[2] 沉淀完全后,让初生成的沉淀与母液一起放置一段时间,这个过程称为"陈化"。其作用的是:(1) 去除沉淀中包藏的杂质。(2) 让沉淀晶体生长增大晶体粒径,并使其粒径分布比较均匀。

[3] 采用倾滗法过滤,目的是避免沉淀堵塞滤纸的空隙,影响过滤速度。

[4] 检查方法:用试管收集 2 mL 滤液,加 1 滴 2 mol・L^{-1} HNO_3 酸化,加入 2 滴 $AgNO_3$,若无白色浑浊产生,表示 Cl^- 已洗净。

[5] 坩锅放在马弗炉中灼烧一定时间后(首次 40 min。之后每次 20 min 即可),戴上面纱手套,用坩埚钳取出,并将其放入干燥器中,稍冷(约 1 min)盖严盖子。冷却至室温后用分析天平称量坩埚。为防止受潮,称量、读数速度要快,如两次灼烧后,坩锅称量的读数不超过 0.3 mg,即为恒重。

实验二十三　解热镇痛药乙酰苯胺的制备

乙酰苯胺是一种重要的医药、化工原料,也是一种温和的解热镇痛药,可以通过苯胺的乙酰化来制备。

芳胺的酰基化在有机合成中有着重要的作用。作为一种保护措施,一级和二级芳胺在合成中通常被转化为它们的乙酰基衍生物,以此保护芳胺不被氧化。同时,氨基经酰化后,降低了氨基在亲电取代反应(特别是卤化)中的活化能力,使其由很强的第Ⅰ类定位基变为中等强度的第Ⅰ类定位基,使反应由多元取代变为有用的一元取代。由于乙酰基的空间效应,往往选择性地生成对位取代产物。在某些情况下,酰化可以避免氨基与其他功能基或试剂(如 RCOCl、SO_2Cl、HNO_2 等)之间发生不必要的反应。在合成的最后步骤,氨基很容易通过酰胺在酸碱催化下水解重新生成。

芳胺可用酰氯、酸酐或冰醋酸加热来进行酰化。冰醋酸试剂易得,价格便宜,但需要较长反应时间,适合规模较大的制备。酸酐是一种比酰氯更好的酰化试剂,这是因为酰氯反应太剧烈,不易控制,同时因反应生成 HCl 使半数胺变成了胺的盐酸盐,而无法参与亲核取代反应,反应的产率降低。酸酐水解速度较慢,可使乙酰化反应在水溶液中进行,且反应容易控制,生成的产物纯度高,产率也高。因此,实验室中制备乙酰苯胺通常用乙酸酐作为酰化剂。

一、实验目的

(1) 理解并掌握乙酰苯胺制备原理和方法;

(2) 掌握用活性炭脱色及热过滤等操作方法;

(3) 巩固重结晶、熔点测定等操作。

二、实验原理

$$\text{C}_6\text{H}_5\text{NH}_2 \xrightarrow{\text{HCl}} \text{C}_6\text{H}_5\text{NH}_2\cdot\text{HCl} \xrightarrow[\text{CH}_3\text{CONa}]{(\text{CH}_3\text{CO})_2\text{O}} \text{C}_6\text{H}_5\text{NHCOCH}_3 + 2\text{CH}_3\text{CO}_2\text{H} + \text{NaCl}$$

三、仪器和试剂

1. 仪器

烧杯,量筒,表面皿,玻璃漏斗(短颈),热滤装置,抽滤装置等。

2. 试剂

苯胺,乙酸酐,浓盐酸,醋酸钠,活性炭。

四、实验步骤

1. 乙酰苯胺的制备

(1) 在 250 mL 烧杯中,将 2.5 mL 浓盐酸溶于 60 mL 水中,在搅拌下加入 2.6 mL (0.03 mol)苯胺[1]。待苯胺溶解后,再加入少量活性炭(约 0.5 g),将溶液煮沸 5 min,趁热滤去活性炭及其他不溶性杂质。

(2) 将滤液转移到 150 mL 锥形瓶中,冷却至 50 ℃,加入 3.7 mL(0.037 mol)醋酸酐[2],摇匀使其溶解后,立即加入事先配制好的醋酸钠溶液(4.5 g 结晶醋酸钠加入 10 mL 的水)中,充分摇振混合,立即有大量的沉淀析出。

(3) 将混合物置于冰浴中充分冷却,使沉淀析出完全。抽滤,用少量冷水洗涤,并转移至表面皿中。晾干,称重,计算产率。纯乙酰苯胺为白色晶体,熔点 113~114 ℃。

2. 乙酰苯胺的纯化

粗产品用水进行重结晶,具体操作见实验四。

3. 乙酰苯胺纯度鉴定

检验乙酰苯胺纯度,最简单的实验室方法是测其熔点,并与纯品(购置的分析纯)熔点进行比较以确定其纯度。具体操作见实验五。

五、思考题

(1) 苯胺是碱性的而乙酰苯胺不是碱性的,为什么?

(2) 实验室中常用的酰化试剂有哪些?请比较各自的优劣。

(3) 实验中醋酸钠的作用是什么?

注释

[1] 久置的苯胺有杂质，会影响乙酰苯胺质量，实验前最好要重蒸或采用新购买的苯胺。
[2] 取用酸酐的器皿要干燥，以免酸酐水解。

实验二十四 扑热息痛(对乙酰氨基酚)的制备

扑热息痛(对乙酰氨基酚)是一种常用的解热镇痛药，主要用于普通感冒或流行性感冒引起的发热，也用于缓解疼痛(如头痛、关节痛、牙痛、肌肉痛、神经痛等)。其解热作用缓慢而持久，与阿司匹林相比，具有刺激性小，极少有过敏反应等优点。目前，扑热息痛已成为全世界应用最广泛的药物之一。

一、实验目的

(1) 了解扑热息痛的制备原理的方法；
(2) 熟练掌握普通回流、重结晶等操作。

二、实验原理

用计算量的醋酐与对氨基酚在水中反应，可迅速完成氨基氮上选择性的乙酰化。

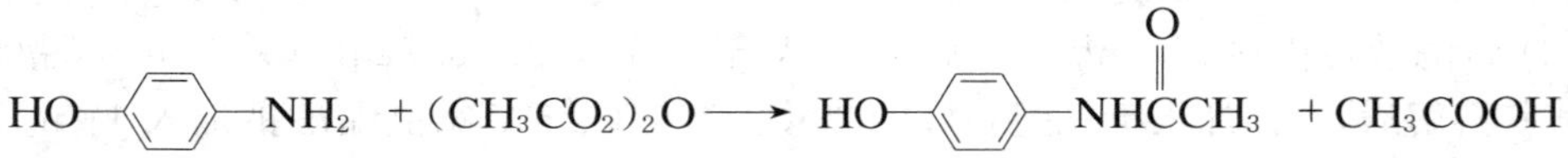

$$HO-C_6H_4-NH_2 + (CH_3CO_2)_2O \longrightarrow HO-C_6H_4-NH\overset{\overset{\large O}{\|}}{C}CH_3 + CH_3COOH$$

三、仪器与试剂

1. 仪器

圆底烧瓶，冷凝管，温度计，磁力加热搅拌器，锥形瓶等。

2. 试剂

对氨基苯酚，醋酸酐，活性炭等。

四、实验步骤

(1) 如图 24.1 所示安装装置。称取 5.5 g 对氨基苯酚[1]，置于干燥的 50 mL 圆底烧瓶中[2]，加入 6 mL 醋酸酐和 15 mL 水，轻轻振摇使之溶解成均相，置于 80 ℃水浴中加热回流 30 min。冷却、结晶、抽滤，滤饼用少量冷水洗 2 次，抽干，得到白色对乙酰氨基酚粗产品。

(2) 将粗品移至 50 mL 锥形瓶中，每克加水 5 mL，加热溶解，稍冷后加入活性炭 0.5 g，煮沸 5 min，趁热抽滤。滤液冷却后析出晶体，抽滤，滤饼用少量冷水洗 2 次，抽干得白色纯品。晾干，称重，计算产率。

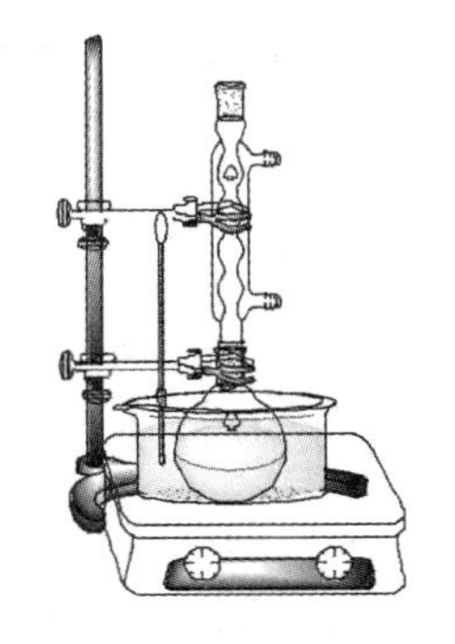
图 24.1　扑热息痛制备装置

五、思考题

（1）为什么酚羟基氧上乙酰化比氨基氮上乙酰化难？
（2）在对乙酰氨基酚中的特殊杂质是什么物质？

注释

[1]　对氨基苯酚的品质是影响扑热息痛产率和质量的关键，购得的对氨基苯酚应是白色或淡黄色颗粒状晶体，熔点为 168～170 ℃。
[2]　酰化反应中如果有水存在，酸酐的酰化能力下降。

实验二十五　环己烯制备

环己烯是一种非常重要的有机化工原料，由于其结构中具有非常活泼的双键，因此广泛用于化工、制药、食品、农用化学品、饲料等聚酯材料等领域中，特别是环己烯可直接被氧化来制成环己酮和己二酸，缩短了己内酰胺和己二酸的生产路线，具有很高的经济效益。正因为环己烯具有这些特性，进一步开发利用，寻找更加经济、更加适用于工业使用的环己烯制备方法被广为关注。

实验室制备环己烯一般有两种方法，其基本原理都是消去反应。方法一是以卤代烃为原料，即环己烷的一氯取代物为原料、以浓磷酸或浓硫酸为催化剂消去制备环己烯。方法二是以环己醇为原料，同样以浓磷酸或浓硫酸为催化剂消去制备环己烯。

实验室中常用方法二来制备环己烯。其原因是该方法使用的原料为环己醇，环己醇价廉易得，且在制备环己烯的过程中副产物为水，对环境不产生污染，而卤代烃作为原料不仅价格高于环己醇，且在制备过程中将会产生对环境有一定污染的副产物卤化氢。

近年来，由苯出发选择加氢制备环己烯，以其安全经济更是得到了广泛的关注。但是，由于苯比较稳定，且环己烷的热力学稳定性比环己烯要高得多，所以苯加氢反应很难控制在环己烯的阶段，易生成稳定性更高的环己烷，故该反应目前因其产率太低而有待突破。

一、实验目的

（1）掌握用由环己醇分子内脱水制备环己烯的原理及方法；
（2）熟练掌握分馏、蒸馏、萃取等操作；
（3）了解盐析原理及操作。

二、实验原理

环己醇在浓硫酸催化下经分子内脱水制备得到环己烯。但由于浓硫酸强氧化性较强，当与环己醇混合时，因放热易使环己醇炭化，因此，实验室制备中常用浓磷酸代替浓硫酸进行脱水反应。反应式如下：

$$\text{环己醇(OH)} \xrightarrow[\triangle]{H_3PO_4} \text{环己烯} + H_2O$$

该反应为消去反应，环己醇分子内脱水生成环己烯。反应机理是

$$\text{环己醇(OH)} \overset{H^+}{\rightleftharpoons} \text{环己基}-\overset{+}{O}H_2 \overset{-H_2O}{\rightleftharpoons} \text{环己基碳正离子(邻位H)} \xrightarrow{\text{环己醇}\ \ddot{O}H} \text{环己烯}$$

通常情况下，温度较高时分子内脱水，温度较低时分子间脱水，故该反应的反应温度要求较高。同时，在反应过程中，蒸馏烧瓶中会形成多种共沸溶液，主要为环己醇和水的共沸体系，环己烯和水的共沸体系。为了增大该反应的反应限度，提高环己烯的产率，可以从体系中分离出一部分产物，从而使反应向正反应的方向进行。

环己烯和水形成共沸溶液的沸点为 70.8℃，环己醇和环己烯形成的共沸溶液的沸点为 64.9℃，环己醇和水形成的共沸溶液为 97.8℃，若是使用蒸馏装置，则环己烯、水和环己醇、水两种共沸体因沸点差值小于 30℃而无法分离，故可以采用多次蒸馏，即分馏的装置，将两种共沸液分开，从体系中分离出环己烯，从而使反应向正反应的方向进行，增大环己烯的产率。

三、仪器与试剂

1. 仪器

圆底烧瓶，分馏柱，冷凝管，分液漏斗，锥形瓶，温度计，磁力加热搅拌器等。

2. 试剂

环己醇，85%磷酸，食盐，无水氯化钙，5%碳酸钠溶液等。

四、实验步骤

(1) 在 50 mL 干燥圆底烧瓶中加入 10 mL 环己醇、4 mL 85%磷酸和磁子，充分摇振使之混合均匀[1]。如图 25.1 所示安装分馏装置，将接收瓶置于冷水中冷却。缓慢加热至沸腾，控制分馏柱顶部馏出温度不超过 90 ℃[1]，当烧瓶中只剩下少量的残液并出现阵阵白雾时，即可停止加热。全部蒸馏时间约需 1 h。

(2) 将馏出液用食盐饱和[2]，然后加 3～4 mL 5%的碳酸钠溶液中和微量的酸。再将液体转入分液漏斗中，摇振混匀，静置分层，收集有机相(哪一层？如何取出？)，用约 1 g 无水氯化钙干燥[3]。待溶液呈清亮[4]透明后，滤液移入蒸馏瓶中，加入沸石，用水浴蒸馏。收集 80～85 ℃的馏分于干燥的接收瓶中(若蒸出产品混浊，必须重新干燥后再蒸馏)。

(3) 称重或量取体积，计算产率。

纯粹环己烯的沸点为 82.98 ℃。

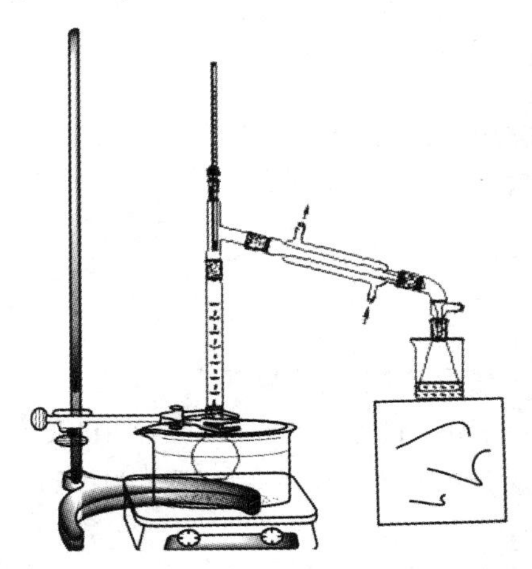

图 25.1　环己烯的制备装置

五、思考题

（1）在粗制环己烯中，加入食盐使水层饱和的目的何在？
（2）在蒸馏终止前，出现的阵阵白雾是什么？
（3）用无水氯化钙干燥目的是什么？

注释

[1]　最好用空气浴加热。即将烧瓶底部向上移动，稍微离开石棉网 1～2 mm 进行加热，使蒸馏瓶受热均匀。由于反应中环己烯与水形成共沸物（沸点 70.8 ℃，含水 10%），环己醇与环己烯形成共沸物（沸点 64.9 ℃，含环己醇 30.5%），环己醇与水形成共沸物（沸点 97.8 ℃，含水 80%），因此在加热时温度不可过高，蒸馏速度不宜太快（2～3 滴/s），以减少未作用的环己醇被蒸出。

[2]　馏出液中加入食盐饱和，其目的是降低环己烯在水相中的溶解度，有利于分层。通常这种在溶液中加入无机盐类，而使某种物质溶解度降低被析出的过程叫作盐析。

[3]　水层应尽可能分离完全，否则将会增加无水氯化钙的用量，使产物更多地被干燥剂吸附而导致产量降低。该实验中用无水氯化钙干燥比较理想，除了干燥作用外，还可除去少量环己醇（生成醇与氯化钙的配合物）。

[4]　产品是否清亮透明，是衡量产品是否合格的外观标准。因此在蒸馏时，所用蒸馏仪器都应充分干燥。

实验二十六　正溴丁烷制备

卤代烃是一类重要的有机合成中间体。通过卤代烷的亲核取代反应，能制备多种有用的化合物，如腈、醚、取代羧酸及取代丙酮等。在无水乙醚中，卤代烃与金属镁作用制备的 Grignard 试剂，可以与醛、酮、酯等羰基化合物及二氧化碳反应，用来制备不同结构的醇和羧酸等。

一、实验目的

（1）掌握制备正溴丁烷的原理的方法；
（2）掌握回流、尾气吸收、萃取、蒸馏等操作。

二、实验原理

本实验利用氢溴酸和正丁醇反应制备正溴丁烷。主要反应式如下：

$$NaBr + H_2SO_4 \xlongequal{} HBr + NaHSO_4$$

$$\underset{\text{正丁醇}}{CH_3CH_2CH_2CH_2OH} + HBr \rightleftharpoons \underset{\text{1-溴丁烷}}{CH_3CH_2CH_2CH_2Br} + H_2O$$

过量的硫酸通过产生更高浓度的氢溴酸促使反应加速。硫酸还使正丁醇的羟基质子化，使亲核取代反应变容易。在浓硫酸的作用下，正丁醇容易脱水形成1-丁烯，因此，加入少量的水可以降低硫酸的浓度。反应是通过S_{N2}机理进行的。

副反应：

$$2HBr + H_2SO_4 \longrightarrow Br_2 + SO_2\uparrow + 2H_2O$$

$$2CH_3CH_2CH_2CH_2OH \xrightarrow[\triangle]{H_2SO_4} \underset{\text{正丁醚}}{CH_3CH_2CH_2CH_2OCH_2CH_2CH_2CH_3} + H_2O$$

$$CH_3CH_2CH_2CH_2OH \xrightarrow[\triangle]{H_2SO_4} \underset{\text{1-丁烯}}{CH_3CH_2CH{=}CH_2} + H_2O$$

三、仪器与试剂

1. 仪器

圆底烧瓶，冷凝管，小漏斗，温度计，分液漏斗，蒸馏头，接液管，锥形瓶，烧杯，磁力加热搅拌器等。

2. 试剂

正丁醇，无水溴化钠，浓硫酸，饱和碳酸氢钠溶液，无水氯化钙，5%氢氧化钠溶液等。

四、实验步骤

（1）如图26.1所示安装装置。在50 mL圆底烧瓶中加入7 mL水，并小心地加入9.4 mL浓硫酸，混合均匀后冷至室温。再依次加入6.2 mL正丁醇和8.7 g溴化钠，充分摇振后加入磁子，连上气体吸收装置[1]。小火加热至沸，使反应物保持沸腾而又平稳地回流。由于无机盐水溶液有较大的相对密度，不久会分出上层液体即正溴丁烷。回流需要30～40 min[2]。待反应液冷却后，改为蒸馏装置，蒸出粗产物正溴丁烷[3]。

（2）将馏出液移至分液漏斗中，加入等体积的水洗涤[4]（产物在上层还是下层?）。分离出的产物再转入另一干燥的分液漏斗中，用等体积的浓硫酸洗涤[5]。尽量分去硫酸层(哪一层?)。有机相依次用等体积的水、饱和碳酸氢钠溶液和水洗涤后转入干燥的锥形瓶中。用约 1 g 黄豆粒大小的无水氯化钙干燥，间歇摇动锥形瓶，直至液体清亮为止。

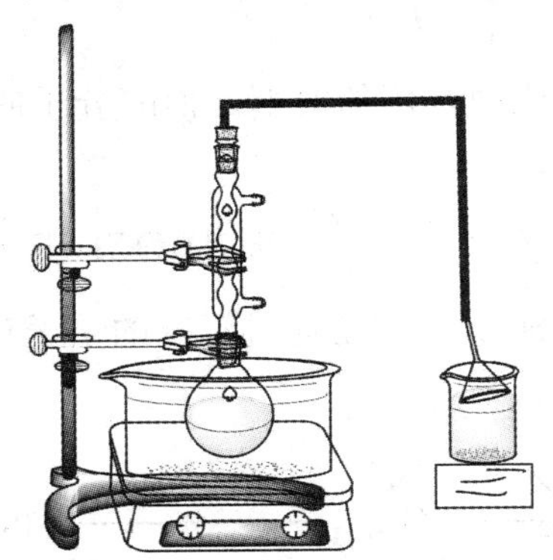

图 26.1 正溴丁烷制备装置

(3) 将干燥好的产物过滤到蒸馏瓶中，加热蒸馏，收集 99～103 ℃的馏分，称重或量取体积，计算产率。

纯粹正溴丁烷的沸点为 101.6 ℃。

五、思考题

(1) 本实验中硫酸的作用是什么？硫酸用量和浓度过大或过小有什么不好？

(2) 反应后粗产物中含有哪些杂质？各步洗涤的目的何在？

(3) 用分液漏斗洗涤产物时，正溴丁烷时而在上层，时而在下层，如不知道产物的密度时，可用什么简便方法加以判别？

(4) 为什么用饱和碳酸氢钠溶液洗涤前先要用水洗一次？

注释

[1] 通常反应时产生氯化氢、溴化氢、二氧化硫等有害的气体，在回流装置中可安装气体吸收装置。需要注意的是：导出气体的导管若使用漏斗时，需要漏斗倾斜一定的角度，漏斗口部分伸入到溶液中，防止倒吸。本实验气体吸收液为 5% NaOH 溶液，主要用于吸收反应过程中产生的 HBr 和 SO_2 气体。

[2] 若回流时间较长，2-溴丁烷的含量较高，但回流到一定时间后，2-溴丁烷的量不再增加。

[3] 正溴丁烷是否蒸完，可从下列几方面判断：①馏出液是否由浑浊变为澄清；②反应瓶上层油层是否消失；③取一试管收集几滴馏出液，加水摇动，观察有无油珠出现。若无表示馏出液中已无有机物，蒸馏完成。

[4] 水洗后产物尚呈红色，是由于浓硫酸氧化作用生成游离溴的缘故，可加入饱和亚硫酸氢钠溶液洗涤除去。

$$2NaBr + 3H_2SO_4(浓) \longrightarrow Br_2 + SO_2\uparrow + 2H_2O + 2NaHSO_4$$

$$Br_2 + 3NaHSO_3 \longrightarrow 2NaBr + NaHSO_4 + 2SO_2\uparrow + H_2O$$

[5] 浓硫酸能溶解存在于粗产物中少量未反应的正丁醇及副产物正丁醚等杂质。

实验二十七　正丁醚制备

简单醚如乙醚等是有机合成中常用的溶剂。伯醇分子间脱水是制备单纯醚常用的方法，为 S_{N2} 反应。醚的制备反应式为

$$2RCH_2OH \xrightarrow[\text{加热}]{\text{浓 } H_2SO_4} RCH_2OCH_2R + H_2O$$

实验室常用浓硫酸作脱水剂，其作用是通过羟基的质子化将醇分子的羟基转变成更好的离去基团。

$$RCH_2\ddot{O}\cdot(H) + RCH_2—\overset{+}{O}H_2 \xrightarrow{S_{N2}} RCH_2OCH_2R + H_3O^+$$

由于反应是可逆的，通常采用蒸出反应产物（醚或水）的方法，使反应向有利于生成醚的方向移动，同时必须严格控制反应温度，以减少副产物烯及二烷基硫酸酯的生成。

一、实验目的

(1) 掌握醇分子间脱水制醚的反应原理和实验方法；

(2) 掌握分水器的使用操作。

二、实验原理

在制取正丁醚时，由于原料正丁醇（沸点 117.7 ℃）和产物正丁醚（沸点 142 ℃）都较高，故可使反应在装有水分离器的回流装置中进行，控制加热温度，并将生成的水或水的共沸物不断蒸出。

虽然蒸出的水中会混有正丁醇等有机物，但有机物在水中溶解度较小，相对密度也较水轻，漂浮在水层表面，因此借水分离器可使绝大部分正丁醇等有机物自动连续地返回到反应器皿中，而水则留在水分离器的下部，根据蒸出水的体积，可以估计反应进行的程度。

主反应式：

$$2CH_3CH_2CH_2OH \underset{135\ ℃}{\overset{H_2SO_4}{\rightleftharpoons}} (CH_3CH_2CH_2CH_2)_2O + H_2O$$

副反应式：

$$CH_3CH_2CH_2CH_2CH_2OH \xrightarrow{H_2SO_4} CH_3CH_2CH{=\!=}CH_2 + H_2O$$

三、仪器与试剂

1. 仪器

三颈烧瓶，分水器，冷凝管，温度计，分液漏斗，锥形瓶，磁力加热搅拌器等。

2. 试剂

正丁醇，浓硫酸，无水氯化钙等。

四、实验步骤

(1) 选择带有分水器的回流装置[1]（图 27.1）。在 50 mL 三口瓶中分别加入 15.5 mL 正丁醇、2.5 mL 浓硫酸[2]和搅拌磁子。组装仪器前，分水器内需装满水，并放出 2 mL[3]，记录水的体积。再于分水器上端接一回流冷凝管并一同安装在三口瓶一端口上，三口瓶的另外两个端口分别插入温度计（水银球在液面内，不得接触瓶底）和玻璃塞。

(2) 油浴加热回流，保持反应液微沸。随着反应进行，回流液经冷凝管收集于分水器内，分液后水层沉于下层，上层有机相积至分水器支管时，即可返回烧瓶。

(3) 当瓶内反应物温度上升至 135～137 ℃，分水器已全部充满水时（几乎无油状物），即可停止反应[4]，大约需要 1.5 h。

(4) 待反应液冷至室温后，拆除装置，将反应液倒入盛有 25 mL 水的分液漏斗中，充分摇振洗涤，静置，分层后弃去下层液体。上层粗产物倒入分液漏斗中用 13 mL 50%硫酸[5]、13 mL 水洗涤 2 次，静置分层，弃去水层。

(5) 粗产品倒入 50 mL 锥形瓶中，加入约 1 g 无水氯化钙干燥 0.5 h。干燥后的产品滤液转移到 50 mL 圆底烧瓶中，改成蒸馏装置进行蒸馏（用空气冷凝管），收集 140～144 ℃馏分，量取体积，计算产率。纯粹正丁醚沸点 142.4 ℃。

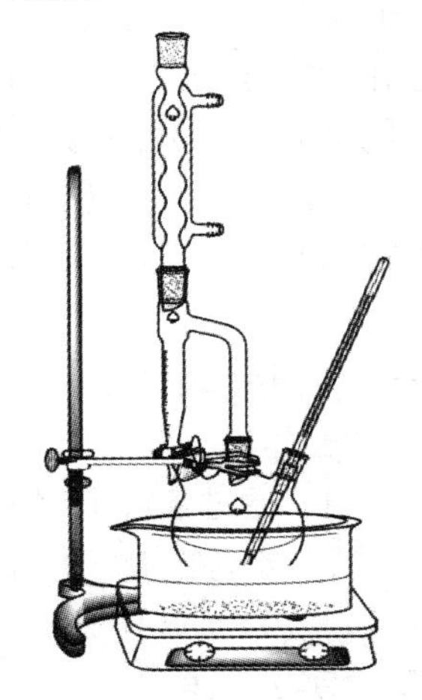

图 27.1　正丁醚制备装置

五、思考题

(1) 试根据本实验正丁醇的用量计算应生成水的体积。

(2) 反应结束后为什么要将混合物倒入 25 mL 水中？各步洗涤的目的何在？

注释

[1] 这种装置比普通回流装置增加了一个分水器，适用于下列条件的反应：①反应为可逆反应。②反应生成物之一是水。③反应物与产物都不溶或难溶于水，且比重大于或小于水。④反应在回流状态下进行或反应温度高于或接近 100 ℃。反应物和产物的蒸气与水蒸气一起上升，经回流冷凝管被冷凝成液体，流到分水器中，分层，反应物与产物由侧管流回反应瓶中，而水则从分水器中不断被分离出来。

选择分水器时，应根据油层水层比重，选择合适的分水器。

[2] 加料时，正丁醇和浓硫酸如不充分摇动混匀，硫酸局部过浓，加热后易使反应溶液变黑。

[3] 根据理论计算，反应中失(脱)水体积为 1.5 mL，实际分出水的体积略大于计算量，否则产率很低。

[4] 反应开始回流时，因为有恒沸物的存在，温度不可能马上达到 135 ℃。但随着水被蒸出，温度逐渐升高，最后达到 135 ℃以上，如温度上升到 140 ℃左右，分水器有少量油状物也应立即停止加热。如果温度升得太高，反应溶液会炭化变黑，并有大量副产物丁烯生成。

[5] 因 50%硫酸可洗去粗产物中的正丁醇，但正丁醚也能微溶，所以产率略有降低。也可分别用水、5%氢氧化钠等溶液洗涤，但用氢氧化钠溶液洗涤时溶液发生乳化，难以分离。

实验二十八　麻醉剂苯佐卡因的制备

苯佐卡因，学名对氨基苯甲酸乙酯，是常用的局部麻醉剂之一。

最早的局部麻醉药是从南美洲生长的古柯植物中提取的古柯生物碱或称可卡因，但是它们容易使人产生依赖成瘾，且毒性较大，在搞清了可卡因的结构和药理作用之后，人们通过化学方法合成了数百种局部麻醉剂，苯佐卡因是其中的一种。已经发现的有活性的这类药物均有如下共同的结构特征：分子的一端是芳环，另一端则是仲胺或叔胺，两个结构单元之间相隔 1～4 个原子联结的中间链。苯环部分通常为芳香酸酯，它与麻醉剂在人体内的解毒有着密切的关系，氨基还有助于使此类化合物形成溶于水的盐酸盐以制成注射液。

一、实验目的

(1) 通过苯佐卡因的制备，了解药物合成的基本过程；

(2) 掌握酯化反应的原理及其制备苯佐卡因方法。

二、实验原理

实验室制备苯佐卡因(对氨基苯甲酸乙酯)通常是用对氨基苯甲酸和无水乙醇在浓硫酸催化下，发生酯化反应制得。反应式为

$$p\text{-}H_2N\text{-}C_6H_4\text{-}COOH + CH_3CH_2OH \xrightleftharpoons{\text{浓 } H_2SO_4} p\text{-}H_2N\text{-}C_6H_4\text{-}CO_2C_2H_5 + H_2O$$

三、仪器与试剂

1. 仪器

磁力加热搅拌器，圆底烧瓶，冷凝管，分液漏斗等。

2. 试剂

对氨基苯甲酸，无水乙醇，浓硫酸，饱和碳酸钠溶液，无水乙醚，无水硫酸镁，甲基硅油（作油浴）等。

四、实验步骤

(1) 如图 28.1 所示安装回流装置。在 50 mL 圆底烧瓶中，加入 2 g 对氨基苯甲酸和 25 mL 95%无水乙醇，振摇使大部分固体溶解。将烧瓶置于冰浴中冷却，缓慢滴加 1 mL 浓硫酸，立即产生大量沉淀（在接下来的回流中沉淀将逐渐溶解，为什么?），磁力搅拌下将反应混合物加热回流1～1.5 h。

(2) 将反应混合物转入烧杯中，冷却后分批加入饱和碳酸钠溶液中和，有大量气体逸出，并产生泡沫（发生了什么反应?）。直至加入碳酸钠溶液后无明显气体释放，再加入少量碳酸钠溶液至溶液 pH 为 9 左右。

(3) 在中和过程会产生少量固体沉淀（生成了什么物质?），用倾滗方法将溶液转移至分液漏斗中，并用少量乙醚洗涤固体，洗涤液并入分液漏斗。用 20 mL 乙醚萃取 2 次，收集醚层（哪层？为什么?），醚层用无水硫酸镁干燥。

(4) 将干燥后的醚层溶液，改用蒸馏装置。水浴加热蒸馏，蒸去乙醚，至残留油状物约 1 mL 为止。残留液（粗产品）用 95%乙醇重结晶得固体纯品。晾干，称重，计算产率。

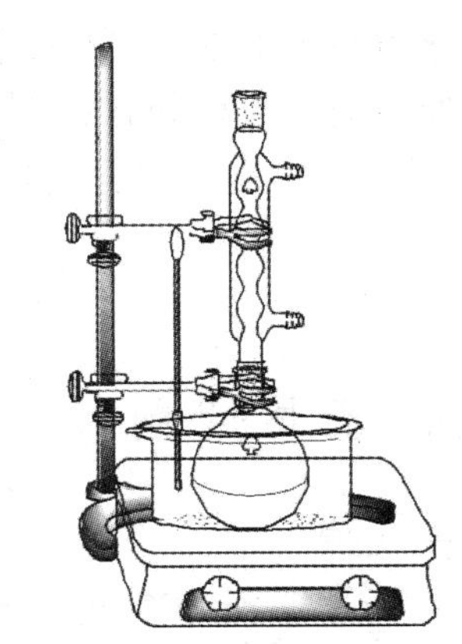

图 28.1　苯佐卡因制备普通回流装置

纯粹对氨基苯甲酸乙酯的熔点为 91～92 ℃。

五、思考题

(1) 本实验中加入浓硫酸后，产生的沉淀是什么物质？

(2) 酯化反应结束后，为什么要用碳酸钠而不用氢氧化钠溶液进行中和？为什么中和后溶液要求 pH=9 左右，而不是要求 pH=7?

实验二十九　食品防腐剂苯甲酸的制备

苯甲酸又称安息香酸，通常情况下是白色鳞片状或针状晶体，有苯甲醛气味。微溶于水，易溶于乙醇、乙醚、氯仿、苯、二硫化碳、四氯化碳和松节油等。

苯甲酸通过对酶菌的抑制而起到防腐作用（酸性环境中 0.1%的浓度即有抑菌作用），因此，它是食品行业中重要的防腐剂，如饮料、酱菜、方便面中都含有少量的苯甲酸或其钠盐。苯甲酸及其钠盐对人体基本无毒害，进入人体后大部分将在 9～15 h 内与甘氨酸作用生成马尿酸而从尿中排出。苯甲酸除了可作为食品防腐剂外，在其他行业中也被广泛应用，如医药、染料的中间体，金属材料的防锈剂等。

一、实验目的

（1）掌握甲苯氧化法制备苯甲酸的原理和方法；

（2）掌握加热回流和抽滤的实验操作技术。

二、实验原理

苯甲酸的工业生产方法主要有三种：甲苯液相空气氧化法，三氯甲苯水解法，邻苯二甲酸酐脱酸法。实验室中常以甲苯为原料，高锰酸钾为氧化剂制备苯甲酸。

$$C_6H_5CH_3 \xrightarrow{KMnO_4} C_6H_5COOK \xrightarrow{H^+} C_6H_5COOH$$

三、仪器与试剂

1. 仪器

三颈烧瓶，冷凝管，温度计，磁力搅拌器，抽滤装置等。

2. 试剂

甲苯，高锰酸钾，浓盐酸，饱和亚硫酸氢钠溶液，甲基硅油（作油浴），刚果红试纸等。

四、实验步骤

（1）量取 0.9 mL 甲苯于 50 mL 三口烧瓶中，加入 30 mL 水和磁子，如图 29.1 所示[1]安装回流冷凝管，油浴加热到微沸。从三口烧瓶侧口分批[2]加入总量为 2.51 g 的高锰酸钾（待反应平缓后再加下一批），最后用少量水将黏附在瓶口上的高锰酸钾冲入瓶内，继续回流，直至回流液中无明显油珠时[3]停止反应。

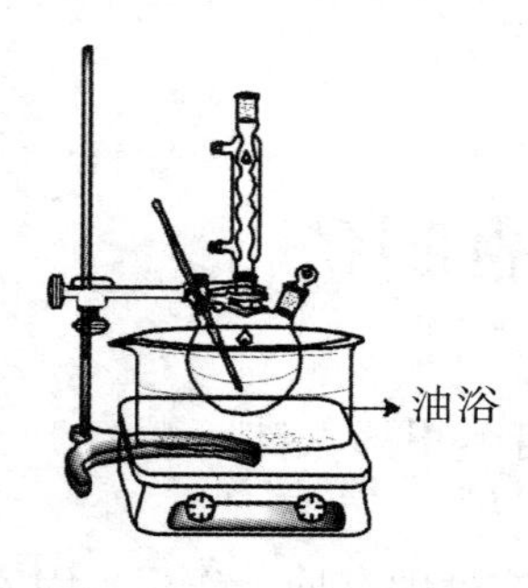

图 29.1 苯甲酸制备回流装置

（2）将反应混合物趁热过滤，用少量热水洗涤滤渣。滤液如呈紫色，可用滴管慢慢滴加饱和亚硫酸氢钠溶液（目的是什么?），边滴加边搅拌，直至紫色刚好退去，再重新抽滤（应将抽滤瓶清洗干净再抽滤，以免污染滤液）。

（3）合并滤液和洗液并置于冷水浴中充分冷却，再用 25%盐酸酸化至刚果红试纸变蓝[4]，陈化 30 min，直至苯甲酸全部析出，再减压过滤[5]，少量冷水洗涤，得粗产品。

（4）粗产品用热水重结晶纯化，晾干，计算产率。

纯粹苯甲酸熔点为 122.4 ℃。

五、思考题

（1）在氧化反应中，影响苯甲酸产量的主要因素有哪些？

（2）酸化前，滤液若呈紫色，需要加入亚硫酸氢钠，其目的是什么？

注释

[1] 由于本实验为非均相反应，在磁力搅拌下进行反应则对提高产率更有利。若采用电热套或酒精灯作热源，则反应过程中需经常摇动烧瓶，使反应物能够充分接触。

[2] 氧化反应一般都是放热反应，高锰酸钾每次加入量一次性不宜太多，否则反应激烈，不易掌控。

[3] 甲苯不溶于水，在水中呈油状物。为了使之与高锰酸钾充分混合，促进反应完全，需较长时间加热回流。

[4] 用浓盐酸酸化时，用 pH 试纸测试 pH 值为 3～4。

[5] 析出的苯甲酸在抽滤前，应先洗净抽滤瓶，以免滤纸破损而将固体抽到瓶内造成污染，每次抽滤都应压干并洗涤固体数次。

实验三十　酸碱指示剂甲基橙的制备

用于酸碱滴定的指示剂，称为酸碱指示剂。指示剂一般是有机弱酸或有机弱碱，它们在溶液中能部分电离成指示剂的离子和氢离子（或氢氧根离子），并且由于结构上的变化，它们的分子和离子具有不同的颜色，因而在 pH 值不同的溶液中呈现不同的颜色。常用的酸碱指示剂主要有四类：硝基酸类，酚酞类，磺代酚酞类，偶氮化合物类。甲基橙、甲基红即是偶氮化合物类两性指示剂。

甲基橙又名为对二甲基氨基偶氮苯磺酸钠盐，通常为橙红色鳞状晶体或粉末，微溶于水，易溶于热水，不溶于乙醇。pH 变色范围 3.1（红）～4.4（黄），在分析滴定中常作酸碱指示剂。

甲基橙制备是以对氨基苯磺酸为原料，经重氮化反应生成重氮盐，再与 N，N－二甲基苯胺进行偶合制备得到。在制备中涉及重氮化和偶合两个反应，它是人工合成偶氮染料的两个基本反应，具有重要的工业价值。

一、实验目的

（1）学习重氮化盐的制备；

（2）掌握偶氮染料制备条件和方法；

（3）掌握低温反应操作。

二、实验原理

$$H_2N-C_6H_4-SO_3H + NaOH \longrightarrow H_2N-C_6H_4-SO_3Na + H_2O$$

$$H_2N-C_6H_4-SO_3Na \xrightarrow[HCl]{NaNO_2} \left[HO_3S-C_6H_4-N^+{\equiv}N\right]Cl^- \xrightarrow[HAc]{C_6H_5N(CH_3)_2}$$

$$\left[HO_3S-C_6H_4-N{=}N-C_6H_4-\underset{\displaystyle H}{\underset{|}{N}}(CH_3)_2\right]^+ Ac^- \xrightarrow{NaOH}$$

$$NaO_3S-C_6H_4-N{=}N-C_6H_4-N(CH_3)_2 + NaAc + H_2O$$

三、仪器与试剂

1. 仪器

烧杯,玻璃棒,抽滤装置等。

2. 试剂

对氨基苯磺酸晶体,亚硝酸钠,N,N-二甲基苯胺,盐酸,氢氧化钠(5%,1%),乙醇,乙醚,冰醋酸,淀粉—碘化钾试纸等。

四、实验步骤

1. 重氮盐的制备

(1) 在 50 mL 烧杯中分别加入 5 mL 5%氢氧化钠溶液和 1.05 g(0.055 mol)对氨基苯磺酸晶体[1],温热溶解。

(2) 在小试管中,另取 0.4 g 亚硝酸钠和 3 mL 水溶解并置于冰浴中冷却。将冷透的亚硝酸钠溶液滴加到上述烧杯中。

(3) 在不断搅拌下,将稀盐酸(1.5 mL 浓盐酸与 5 mL 水配成)溶液缓缓滴加到上述混合溶液中,并控制温度在 5 ℃以下[2]。滴加完后用淀粉碘化钾试纸检验[3]。然后在冰浴中放置 15 min(保证重氮化反应完全),注意观察现象[4]。

2. 偶合

(1) 取 0.65 mL(0.055 mol)N,N-二甲基苯胺和 0.5 mL 冰醋酸于试管中混合,在不断搅拌下,将此溶液慢慢加到重氮盐溶液中。加完后,继续搅拌 10 min。

(2) 在上述混合物的烧杯中,缓慢滴加 12.5 mL 5%氢氧化钠溶液(为什么?),直至反应物变为橙色,这时反应液呈碱性,粗制的甲基橙呈细粒状沉淀析出。再将反应物置于沸水浴上加热 5 min,使偶合反应完全。

（3）停止加热反应，冷却至室温后，把烧杯放在冰水浴中继续冷却，使甲基橙晶体析出完全。抽滤，收集结晶。

3. 纯化

将收集的粗产品在1%氢氧化钠溶液中（每克粗产品约需25 mL）重结晶，待晶体析出完全后，抽滤，沉淀依次用少量乙醇、乙醚洗涤[5]。得到橙色的片状甲基橙结晶。晾干，称重，计算产率。

4. 检验

在小烧杯中加水溶解少许甲基橙，用滴管取清液于小试管中。向试管中先滴加几滴稀盐酸溶液，观察溶液的颜色，然后再用稀的氢氧化钠溶液中和，观察溶液颜色的变化。

五、思考题

（1）什么叫偶联反应？试结合本实验讨论一下偶联反应的条件。

（2）在本实验中，制备重氮盐时为什么要把对氨基苯磺酸变成钠盐？本实验如改成下列操作步骤：先将对氨基苯磺酸与盐酸混合，再滴加亚硝酸钠溶液进行重氮化反应，可以吗？为什么？

（3）试解释甲基橙在酸碱介质中的变色原因，并用反应式表示。

注释

[1]　对氨基苯磺酸是两性化合物，酸性比碱性强，以酸性内盐形式存在，所以它能与碱作用成盐而增大其溶解度。

[2]　重氮化反应过程中，控制温度很重要，反应温度如高于5 ℃，则生成的重氮盐易水解成酚类而降低产率，所以，通常在冰浴中进行反应。

[3]　淀粉—碘化钾试纸检验显蓝色，表明亚硝酸过量。析出的碘遇淀粉就显蓝色。

$$2HNO_2 + 2KI + 2HCl = I_2 + 2NO + 2H_2O + 2KCl$$

[4]　冰浴中往往有晶体析出，该物质是对氨基苯磺酸的重氮盐。对氨基苯磺酸的重氮盐因温度低难溶于水，故从溶液中析出。

[5]　甲基橙不溶于乙醇和乙醚等，用乙醇、乙醚洗涤利于产品迅速干燥。

实验三十一　酸碱指示剂甲基红的制备

甲基红又名对二甲氨基偶氮苯邻羧酸，是一种具有光泽的紫色结晶或红棕色粉末，能溶于乙醇和乙酸，几乎不溶于水。pH变色范围是4.4（红）～6.2（黄），与甲基橙类似，也是常用的酸碱指示剂之一。

一、实验目的

（1）学习重氮盐的制备；

（2）掌握低温反应操作；

（3）掌握偶氮染料制备条件和方法。

二、实验原理

甲基红是由邻氨基苯甲酸与亚硝酸作用发生重氮化生成重氮盐，然后与N，N-二甲基苯胺偶联制得。反应式为

$$C_6H_4(COOH)(NH_2) \xrightarrow{HCl} C_6H_4(COOH)(NH_2 \cdot HCl) \xrightarrow{NaNO_2} C_6H_4(COO^-)(N^+\equiv N)$$

$$\xrightarrow[\text{乙醇}]{C_6H_5N(CH_3)_2} C_6H_4(COO^-)\text{—NH—N=}C_6H_4\text{=}N^+(CH_3)_2$$

三、仪器与试剂

1. 仪器

锥形瓶，烧杯，玻璃棒，抽滤装置等。

2. 试剂

邻氨基苯甲酸，亚硝酸钠，N，N-二甲基苯胺，1∶1盐酸，95％乙醇，甲苯，甲醇等。

四、实验步骤

1. 盐酸盐制备

在50 mL烧杯中，放入1.5 g(0.011 mol)邻氨基苯甲酸及6 mL 1∶1的盐酸，加热使其溶解。冷却后析出白色针状邻氨基苯甲酸盐酸盐，抽滤，用少量冷水洗涤得到晶体[1]。

2. 重氮化

在100 mL锥形瓶中，将上步得到的邻氨基苯甲酸盐酸盐溶于15 mL水中后，放入冰水浴中冷却至5～10 ℃。并将已配好、冷透的亚硝酸钠溶液加入(0.35 g亚硝酸钠溶于5 mL水中)锥形瓶中，振摇混合均匀后，再置于冰水浴中，以保证重氮盐反应完全。

3. 偶合

（1）将0.65 mL(0.005 mol)N，N-二甲基苯胺溶于6 mL 95％乙醇的溶液，加入已制好的重氮盐中，塞紧锥形瓶瓶口，从冰水浴中移出，用力振摇多次。静置，有红色沉淀析出即为甲基红。

（2）若沉淀凝成一大块，极难过滤，可用水浴加热溶解。静置，缓缓冷却2～3 min。待沉淀完全后抽滤，得到红色无定形固体，用少量甲醇洗涤，用甲苯重结晶[2]（每克产品需15～20 mL)，晾干，称量，计算产率。

4. 检验

在小烧杯中加水溶解少量甲基红，取清液于小试管中，向试管中先滴加几滴少许稀盐酸，接着用碱中和，观察试管中溶液的颜色变化。

纯甲基红的熔点为 183 ℃。

五、思考题

(1) 什么叫偶联反应？试结合本实验讨论一下偶联反应的条件。

(2) 试解释甲基红在酸碱介质中变色原因，并用反应式表示。

注释

[1] 邻氨基苯甲酸盐酸盐在水中的溶解度很大，只能用少量水洗涤。

[2] 甲苯溶液有毒，有刺激性苯气味，选用甲苯作溶剂进行重结晶时，要用回流装置加热使粗产品溶解。如有不溶物，要趁热过滤，滤液(甲苯)趁热再进行加热回流。为了得到较好的晶体，溶解后溶液要缓慢冷却，其方法是：溶液冷却时可放在热水中令其缓缓冷却，抽滤后可得到有光泽的片状结晶。注意：重结晶后甲苯要回收。

实验三十二　菠菜色素的提取和色素分离

绿色植物如菠菜叶中含有叶绿素(绿)，胡萝卜素(橙)和叶黄素(黄)等多种天然色素。叶绿素存在两种结构相似的形式即叶绿素 a($C_{55}H_{72}O_5N_4Mg$)和叶绿素 b($C_{55}H_{70}O_6N_4Mg$)，其差别仅是 a 中一个甲基被 b 中的甲酰基所取代，它们都是吡咯衍生物和金属镁的络合物，是植物进行光合作用所必需的催化剂。植物中叶绿素 a 的含量通常是 b 的 3 倍，尽管叶绿素分子中含有一些极性基因，但大的烃基结构使它易溶于醚、石油醚等一些非极性溶剂。

胡萝卜素($C_{40}H_{56}$)是具有长链结构的共轭多烯。它有三种异构体，即 α-，β-和 γ-胡萝卜素，其中 β-胡萝卜素异构体含量最多，也最重要。生长期较长的绿色植物中，异构体中 β-体的含量多达 90%。β-体具有维生素 A 的生理活性，其结构是两分子维生素 A 在链端失去两分子水而结合成的。在生物体内，β-体受酶催化氧化即形成维生素 A。目前 β-体已进行工业生产，可作为维生素 A 使用，也可作为食品工业中的色素。

叶黄素($C_{40}H_{56}O_2$)是胡萝卜素的羟基衍生物，它在绿叶中的含量通常是胡萝卜素的两倍。与胡萝卜素相比，叶黄素较易溶于醇而在石油醚中溶解度较小。

本实验将从菠菜中提取上述几种色素，并通过薄层层析进行分离鉴定。

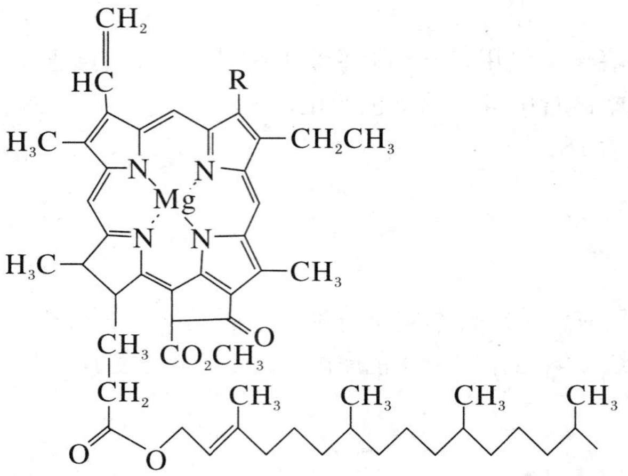

叶绿素a($R=CH_3$)　　叶绿素b($R=CHO$)

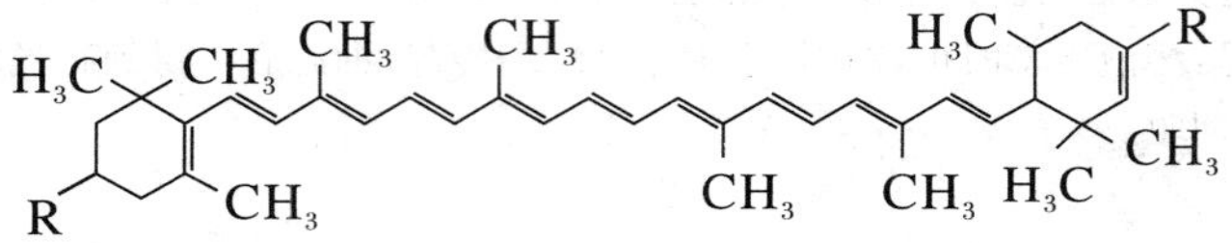

β-胡萝卜素($R=H$)　　叶黄素($R=OH$)

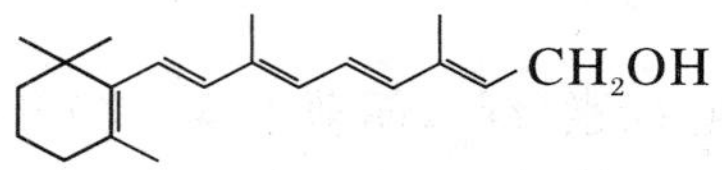

维生素A

一、实验目的

(1) 通过学习绿色植物色素的提取，掌握天然物质分离提纯方法；
(2) 学习薄层色谱分离技术，理解微量有机物色谱分离鉴定的原理；
(3) 学习旋转蒸发技术，了解减压蒸馏操作。

二、实验原理

根据相似相溶原理，选择合适的溶剂使菠菜中色素溶于甲醇中，用蒸馏或旋转蒸发仪浓缩色素提取液，通过薄层色谱法对所提取的色素进行分离鉴定。

薄层色谱(Thin Layer Chromatography，TLC)是一种微量、快速而简单的色谱分离技术，属固-液吸附色谱。它兼备了柱色谱和纸色谱的优点，特别适用于挥发性较小或较高温度易发生变化而不能用气相色谱分析的物质，此外，薄层色谱法还可用来跟踪有机反应及进行柱色谱分析之前的一种“预试”。

其原理是利用化合物中各组分在某一物质中吸附或溶解性(即分配)的不同，或其他亲和性能的差异，使化合物的溶液经该种物质，进行反复的吸附或分配等作用从而将各组分分开。流动的化合物溶液称为流动相，固定的物质称为固定相。通常极性越小在展开剂中扩散速度越快，被固定相吸附的能力越小，在薄层板上“爬”得越快、越高；反之，“爬”得慢。

三、仪器与试剂

1. 仪器

展缸，研钵，布氏漏斗，抽滤瓶，纱布，分液漏斗，圆底烧瓶，旋转蒸发仪，载玻片，毛细管（ϕ=0.9 mm）等。

2. 试剂

硅胶G，中性氧化铝，0.5%羧甲基纤维素钠，95%乙醇，甲醇，石油醚（60～90 ℃），丙酮，乙酸乙酯，无水硫酸钠等。

四、实验步骤

1. 菠菜色素的提取

称取20 g洗净后用滤纸吸干的新鲜（或冷冻）的菠菜叶，用剪刀剪碎并与20 mL甲醇拌匀，在研钵中研磨约5 min，然后用布氏漏斗抽滤菠菜叶[1]，弃去滤液。将菠菜放回研钵，用20 mL 3∶2（体积比）的石油醚—甲醇混合液[2]萃取两次（每次20 mL），每次需加以研磨并进行抽滤。合并深绿色萃取液，转入分液漏斗，用水洗涤两次（每次10 mL），以除去萃取液中的甲醇。洗涤时要轻轻振荡，以防止产生乳化。弃去水—甲醇层，石油醚层用无水硫酸钠干燥后滤入圆底烧瓶，用旋转蒸发仪[3]（图32.1）进行浓缩，至体积约为1 mL为止。

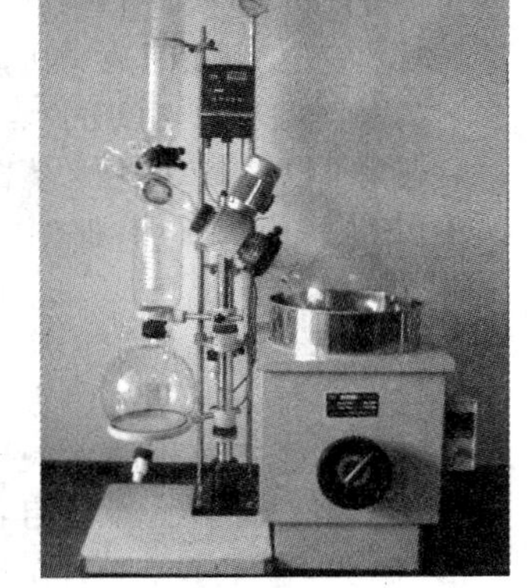

图32.1　旋转蒸发仪

2. 薄层层析[4]

（1）薄层板制法：取四块载玻片，用硅胶G经0.5%羧甲基纤维素钠调制后制板，晾干后在110 ℃烘烤1 h待用。

（2）展开剂配制：①石油醚∶丙酮=7∶3（体积比）；②石油醚∶丙酮=9∶1（体积比）；③石油醚∶乙酸乙酯=6∶4（体积比）。

（3）点样与展开：取四块活化后的层析板，用1根内径小于1 mm的毛细管，蘸取少许菠菜色素萃取液进行点样，点样后的层析板晾干后，小心放入预先加好展开剂的广口瓶（展缸）内。瓶内壁贴一张高5 cm，绕周长约4/5的滤纸，下部浸入展开剂中，盖好瓶盖（图32.2）。待展开剂上升至规定高度时，取出层析板，在空气中晾干，用铅笔作出标记（图32.3）。

分别用展开剂①、②和③展开并比较不同展开剂展开效果。观察斑点在板上的位置并排列出胡萝卜素、叶绿素和叶黄素的R_f值大小顺序。

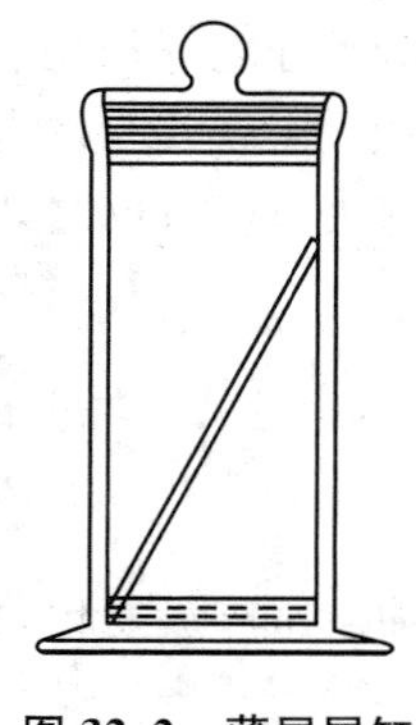

图 32.2 薄层展缸

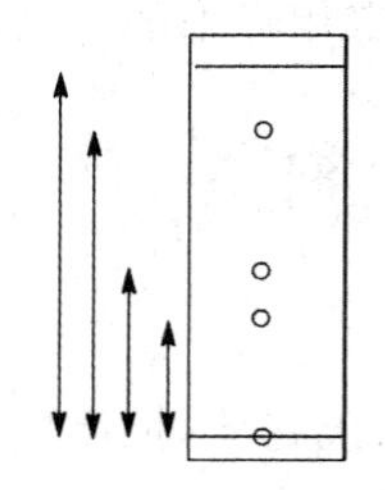

图 32.3 薄层分离示意图

五、思考题

试比较叶绿素、叶黄素和胡萝卜素三种色素的极性,为什么胡萝卜素在层析柱中移动最快?

注释

[1] 可戴上塑料薄膜手套,用手挤压用纱布包裹的碎菠菜叶。

[2] 叶黄素易溶于醇而在石油醚中溶解度较小,从嫩绿菠菜中得到的提取液中,叶黄素含量很少,用薄层可以分出黄色点,但柱色谱中不易分出黄色带。

[3] 旋转蒸发仪主要用于在减压条件下连续蒸馏大量易挥发性溶剂,尤其是对萃取液的浓缩和色谱分离时的接收液蒸馏,可以分离、纯化反应产物。旋转蒸发仪的工作原理是通过电子控制,使烧瓶在最适合速度下恒速旋转以增大蒸发面积,通过真空泵使蒸发烧瓶处于减压状态。蒸发烧瓶在旋转同时置于水浴锅中恒温加热,瓶内溶液在减压下在烧瓶内进行加热扩散蒸发。与常压蒸馏比较,减压状态下蒸发速度更快。

[4] 薄层分离一般包括:点样、展开、显色、计算比移值四个步骤。

① 点样:固定点样用的毛细管为内径<1 mm 的管口平整的毛细管,将样品溶于低沸点的溶剂(乙醚、丙酮、乙醇、四氢呋喃等)配成 1%溶液。点样前,可先用铅笔在小板上距一端 5 mm 处轻轻划一横线,作为起始线,然后用毛细管吸取样品在起始线上小心点样,如需重复点样,则应待前次点样的溶剂挥发后方可重点。若在同一块板上点几个样,样品点间距离为 5 mm 以上。

② 展开:展开剂的选择主要根据样品的极性、溶解度和吸附剂的活性等因素来考虑。薄层的展开在密闭的容器中进行。先将选择的展开剂放入展缸中(可用小广口瓶代替),使展缸内空气饱和 5~10 min,再将点好试样的薄层板放入展缸中进行展开(扩散)。点样的位置必须在展开剂液面之上,当展开剂上升到薄层的前沿(离前端 5~10 mm)或多组分已明显分开时,取出薄层板放平晾干,用铅笔划溶剂前沿的位置后,即可显色。

③ 显色:如果化合物本身有颜色,就可直接观察它的斑点。如果本身无色,可先在紫外灯光下观察有无荧光斑点(有苯环的物质都有),用铅笔在薄层板上划出斑点的位置;对于在紫外灯光下不显色的,可放在含少量碘蒸气的容器中显色来检查色点(因为许多化合物都能和碘成黄棕色斑点),显色后,立即用铅笔标出斑点的位置。

④ 计算比移值:记下原点至主斑点中心及展开剂前沿的距离,计算比移值(R_f)计算公式:

$$R_f = \frac{\text{溶质最高浓度中心至原点中心的距离}}{\text{溶剂前沿至原点中心的距离}}$$

从公式可以看出，比移值越大显然分离效果越好。

除用薄层色谱分离外，还可用柱色谱进行分离，具体操作如下：

将上述菠菜色素的浓缩液，用滴管小心地加在已经填好的层析柱顶部，加完后，打开下端活塞，让液面下降到柱面下 1 mm 左右，关闭活塞，加数滴石油醚，打开活塞，使液面下降，经几次反复，使色素全部进入柱体(图 32.4)。

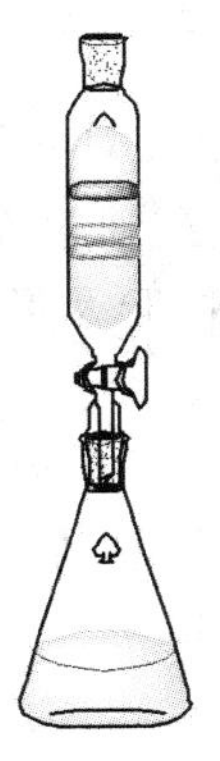

图 32.4　层析柱图

待色素全部进入柱体后，在柱顶小心加入约 1.5 cm 高度的洗脱剂—— 9：1(体积比)石油醚—丙酮溶液。然后在层析柱上面装一滴液漏斗，内装 15 mL 洗脱剂。打开上下两个活塞，让洗脱剂逐滴放出，层析即开始进行，用锥形瓶收集，当第一个有色成分即将滴出时，取另一锥形瓶收集，得橙黄色溶液，它就是胡萝卜素，约用洗脱剂 50 mL。

如时间和条件允许，可用 7：3(体积比)石油醚—丙酮作洗脱剂，分出第二个黄色带，它是叶黄素。再用 3：1：1(体积比)丁醇—乙醇—水洗脱叶绿素 a(蓝绿色)和叶绿素 b(黄绿色)，并将分离后的色素进行 TLC 分析。

装柱方法：在 20 cm×10 cm 的层析柱中，加 15 cm 高的石油醚。另取少量脱脂棉，先在小烧杯内用石油醚浸湿，挤压以驱除气泡，然后放在层析柱底部，在它上面加一片比柱底略小的圆形滤纸。将 20 g 层析用的中性氧化铝(150～160 目)从玻璃漏斗中缓缓加入，小心打开柱下活塞，保持石油醚高度不变，流下的氧化铝在柱中堆积。必要时用装在玻璃棒上的橡皮塞轻轻在层析柱的周围敲击，使吸附剂装得平整致密。柱中溶剂面由下端活塞控制，不能使其满溢，更不能让其干。装完后，上面再加一层圆形滤纸，打开下端活塞，放出溶剂，直到氧化铝表面剩下 1～2 mm 高为止(注意：氧化铝表面不得露出液面)。

实验三十三　从茶叶中提取咖啡因

茶叶是一种含有多种生物碱的天然产物，其中以咖啡因(又称咖啡碱)为主，占 1%～5%，另外还含有 11%～12%的丹宁酸(又名鞣酸)、0.6%的色素、纤维素、蛋白质等。咖啡因是弱碱性化合物，易溶于氯仿(12.5%)、水(2%)及乙醇(2%)等，在苯中的溶解度为 1%(热苯为 5%)。丹宁酸易溶于水和乙醇，不溶于苯。

咖啡因是杂环化合物嘌呤的衍生物，它的化学名称是 1,3,7 -三甲基- 2,6 -二氧嘌呤，其结构式如下：

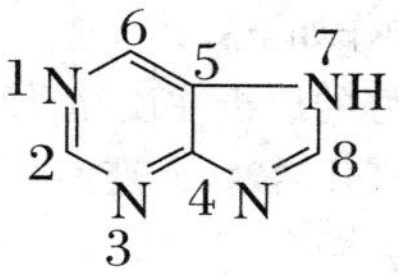

嘌呤 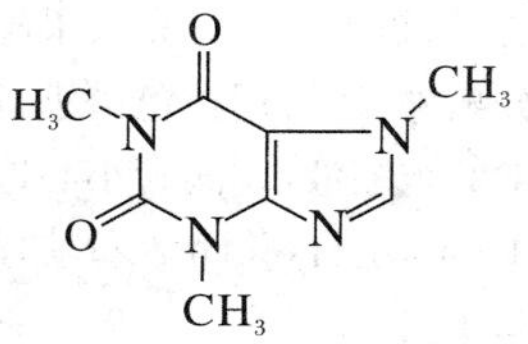　　　　咖啡因

(1,3,7-三甲基-2,6-二氧嘌呤)

咖啡因具有刺激心脏、兴奋大脑神经和利尿等作用，主要作中枢神经兴奋药。咖啡因也是感冒药APC(阿司匹林-菲娜西汀-咖啡因)及散利痛等止痛药的成分之一，也可辅助治疗小儿遗尿症。

无水咖啡因为白色针状晶体，熔点为234.5 ℃，味苦，能溶于水和乙醇、二氯甲烷等有机试剂。含结晶水的咖啡因也为白色针状晶体，加热到100 ℃时即失去结晶水，并开始升华，120 ℃时升华相当显著，至178 ℃时升华很快。

一、实验目的

(1) 学习从茶叶中提取咖啡因的基本原理和方法，了解咖啡因的一般性质；
(2) 掌握用索氏提取法提取有机物的原理和方法；
(3) 进一步熟悉萃取、蒸馏和升华等基本操作。

二、实验原理

从茶叶中提取咖啡因，就是从固体物质中萃取所需要的物质，是萃取的另一个形式，即固-液萃取。

在提取咖啡因中，常选用95%乙醇作萃取剂，在索氏提取器(又称脂肪提取器)中连续抽提(提取、萃取)，然后蒸去溶剂，即得粗咖啡因。在所得的萃取液中除了咖啡因外，还含有叶绿素、丹宁酸及其少量水解物等。粗咖啡因中加入生石灰降水，并与丹宁酸等酸性物质作用生成钙盐，游离的咖啡因可通过升华作用被纯化。

咖啡因可以通过测定熔点加以鉴别。此外，还可以通过制备咖啡因水杨酸盐衍生物进一步得到确证。咖啡因作为碱可与水杨酸作用生成水杨酸盐，此盐的熔点为137 ℃。

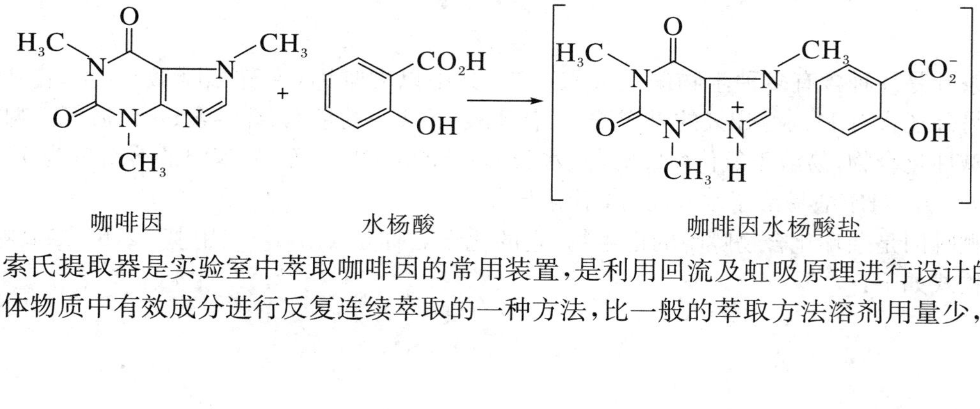

咖啡因　　＋　　水杨酸　　⟶　　咖啡因水杨酸盐

索氏提取器是实验室中萃取咖啡因的常用装置，是利用回流及虹吸原理进行设计的，是将固体物质中有效成分进行反复连续萃取的一种方法，比一般的萃取方法溶剂用量少，萃取

时间短，效率高，是由圆底烧瓶、索氏提取器、索氏冷凝管三部分组成的(图 33.1)。

三、仪器与试剂

1. 仪器

圆底烧瓶，索氏提取器装置，冷凝管，蒸发皿，酒精灯，石棉网，短颈漏斗等。

2. 试剂

茶叶，95%乙醇，生石灰等。

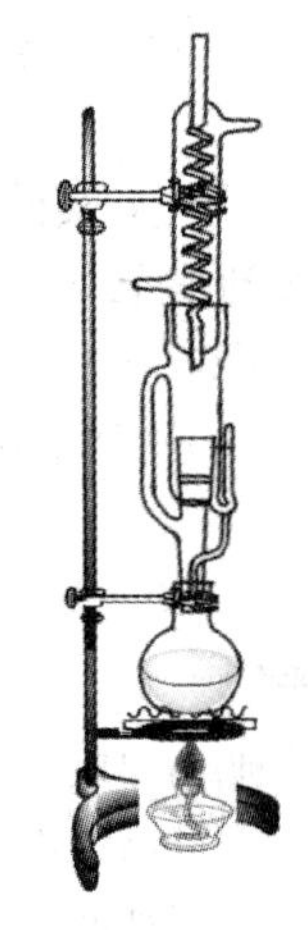

图 33.1　提取装置

四、实验步骤

1. 抽提(萃取)

如图 33.1 所示连接仪器搭好装置。称取 5 g 茶叶末，放入脂肪提取器的滤纸套筒中[1]，在圆底烧瓶中加入 60 mL 95%乙醇，小火加热至沸腾，连续抽提[2] 1 h，此时提取液的颜色变得很淡(虹吸 3～4 次)，待提取器中的液体刚刚虹吸下去时，立即停止加热。

2. 蒸馏(浓缩)

提取结束后稍冷，改成蒸馏装置，蒸去提取液中的大部分乙醇[3]并回收。

3. 焙炒(除杂、干燥)

将浓缩液趁热倾入蒸发皿中，拌入 1～2 g 生石灰粉[4]，使成糊状，将蒸发皿放在石棉网上，小火蒸干。其间应不断搅拌，并压碎块状物。最后用小火焙炒片刻，使水分全部除去。

4. 升华[5](纯化)

取一只口径合适的玻璃漏斗，罩在隔以刺有许多小孔的滤纸的蒸发皿上(图 33.2)，在石棉网上小心加热，逐渐升温，尽可能使升华速度慢一些，提高结晶纯度[6]。当滤纸上出现大量白色晶体时，停止加热，揭开漏斗和滤纸，观看咖啡因的颜色形状，仔细用小刀将附在其上的咖啡因刮下，残渣经拌和后用较大的火再加热片刻，使升华完全。合并两次收集的咖啡因，称量并测定熔点(纯咖啡因的熔点为 234.5 ℃)。

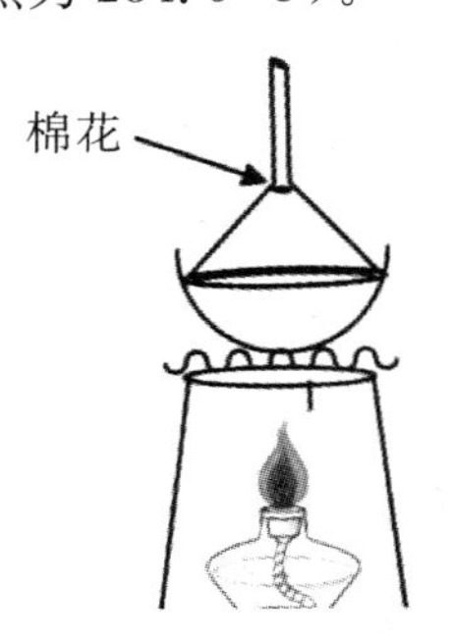

图 33.2　升华装置

五、思考题

（1）本实验为什么要用索氏提取器，它与浸取法相比有什么优点？如无索氏提取器可以用回流装置替代吗？

（2）在此实验中，加入生石灰的作用是什么？

（3）影响咖啡因提取的因素有哪些？

注释

[1] 脂肪提取器的虹吸管极易折断，使用时需特别小心。滤纸套大小既要紧贴器壁，又要能方便取放，其茶叶高度不得超过虹吸管；滤纸包茶叶末时要严谨，防止茶叶末漏出堵塞虹吸管，纸套上面折成凹形，以保证回流液均匀浸润被萃取物。

[2] 抽提是萃取和回流联合操作。其含义是从一种固体或一种液体混合物中将所要的物质根据其特性用溶剂提取分离出来，这也是连续萃取常用的手段，其目的是提高萃取效率。从干燥的植物、菌类、海藻及哺乳动物等物质中提取天然有机物，常用索氏提取装置进行抽提。

[3] 瓶中乙醇不能蒸得太干，否则残液很黏，转移时损失较大。

[4] 生石灰起吸水和中和作用，以除去部分酸性杂质。

[5] 升华是提纯固体有机物方法之一。某些物质在固体时具有相当高的蒸气压，当加热时，不经过液化而直接气化，蒸气受到冷却又直接冷凝成固体，这叫作升华。在常压下能进行升华的有机物不多。

[6] 在萃取回流充分的情况下，升华操作是实验成败的关键。升华过程中，始终都需用小火间接加热，如温度太高，会使产物发黄、炭化，导致产品不纯或损失，因此升华操作关键是要控制好温度。

三级　综合提高实验

实验三十四　由粗盐制备试剂级氯化钠

粗食盐中，除含有泥沙、生物质等不溶性杂质外，还含有 Ca^{2+}、Mg^{2+}、Fe^{3+}、SO_4^{2-}、CO_3^{2-} 等可溶性杂质离子，要达到试剂级的氯化钠需要进行一系列物理和化学方法处理。

一、实验目的

（1）学习由粗盐制备试剂级氯化钠的方法；

（2）掌握溶液的溶解、过滤、蒸发、结晶，气体的发生和净化以及固液分离等操作；

（3）了解用比色法进行纯度分析的原理和方法。

二、实验原理

粗食盐中的不溶性杂质可直接过滤除去，可溶性杂质可选用合适的化学试剂，使之转化为沉淀后，通过过滤弃去。具体方法如下：

（1）向粗食盐饱和溶液中，加入稍过量的 $BaCl_2$ 溶液可除去 SO_4^{2-}，反应式为

$$Ba^{2+} + SO_4^{2-} = BaSO_4 \downarrow$$

（2）再向溶液中加入适量的 NaOH 和 Na_2CO_3 溶液，使溶液中的 Ca^{2+}、Mg^{2+}、Fe^{3+} 及过量的 Ba^{2+} 转化为相应的沉淀被除去，反应式为

$$Ca^{2+} + CO_3^{2-} = CaCO_3 \downarrow$$

$$Ba^{2+} + CO_3^{2-} = BaCO_3 \downarrow$$

$$Fe^{3+} + 3OH^- = Fe(OH)_3 \downarrow$$

$$2Mg^{2+} + 2OH^- + CO_3^{2-} = Mg_2(OH)_2CO_3 \downarrow$$

（3）过量的氢氧化钠和碳酸钠可加盐酸中和除去。

（4）沉淀弃去后的滤液中仍然含有一定量的 K^+，可以通过重结晶纯化，但产品产率较低。本实验采取：在饱和 NaCl 溶液中通入 HCl 气体，利用同离子效应，降低 NaCl 在溶液中的溶解度使之析出。同时，由于 KCl 的溶解度比 NaCl 的大，K^+ 可留在母液中随滤液被弃去，无须对产品重结晶。

吸附在氯化钠晶体上的盐酸可用乙醇洗涤除去，最后用水浴加热蒸发除去残留的水、乙醇和盐酸，由此可得到纯度很高的氯化钠晶体。

三、仪器和试剂

1. 仪器

烧杯，量筒，三脚架，石棉网，表面皿，蒸发皿，恒压漏斗，蒸馏烧瓶，广口瓶，比色管，酒精灯（或电炉），抽滤装置等。

2. 试剂

粗食盐，氯化钠（CP），硫酸（浓，25%），碳酸钠（1 mol·L^{-1}），氯化钡（1 mol·L^{-1}），盐酸（1 mol·L^{-1}，2 mol·L^{-1}），氢氧化钠（40%，2 mol·L^{-1}），硫氰化钾（1.0 mol·L^{-1}），乙醇（95%）等。

四、实验步骤

1. 粗食盐的除杂

（1）除去不溶杂质。称取 10.0 g 粗食盐，置于 100 mL 小烧杯中，再加入 35 mL 水，加热并搅拌溶解，用玻璃漏斗滤去不溶物。

（2）沉淀法除 SO_4^{2-}。在不断搅拌的条件下，向溶液中滴加 2～3 mL 1 mol·L^{-1} $BaCl_2$ 溶液，继续加热数分钟，停止加热。静置片刻，待沉淀沉降后，取上层清液约 0.5 mL 于小试管中，沿试管壁滴加 1～2 滴 1.0 mol·L^{-1} $BaCl_2$ 溶液，如果出现浑浊，表示 SO_4^{2-} 尚未除尽，需继续补加适量 $BaCl_2$ 溶液直至 SO_4^{2-} 被沉淀完全。过滤，沉淀用少量去离子水洗涤 2～3 次，弃去沉淀，收集滤液。

（3）沉淀法除 Ca^{2+}、Ba^{2+}、Mg^{2+} 及 Fe^{3+}。趁热向滤液中分别加入 10 mL NaOH（2 mol·L^{-1}）溶液和 1.5 mL Na_2CO_3（1 mol·L^{-1}）溶液，搅拌并加热至沸，冷却至 Ca^{2+}、Ba^{2+}、Mg^{2+}、Fe^{3+} 等沉淀完全。用倾滗法过滤，弃去沉淀，收集滤液于烧杯中。

（4）调节滤液酸度，除去 CO_3^{2-}。在滤液中逐滴滴加 2 mol·L^{-1} HCl，使溶液的 pH 值呈微酸性。加热并不断搅拌，“驱赶”溶液的 CO_2 气体。

2. 粗食盐的精制

（1）装置搭建及气密性检查。如图 34.1 所示安装好实验装置，并检验装置的气密性。检查的方法是：双手手掌紧贴烧瓶外壁使烧瓶内气体温度上升，若吸收瓶导管内的液柱高度产生变化，说明该装置不漏气。

（2）HCl 气体的发生、净化与 NaCl 晶体的制备。称取 20 g 化学纯 NaCl 固体于蒸馏烧瓶[1]中，在滴液漏斗中加入 20 mL 浓硫酸并置于蒸馏烧瓶的上端。打开滴液漏斗的旋塞，使浓硫酸缓慢滴入蒸馏烧瓶中，待浓硫酸滴加完毕后，关闭旋塞，调节酒精灯火焰，以控制气体发生的速率（勿使反应进行得过猛）。生成的 HCl 气体经缓冲瓶，再由导管通过小玻璃漏斗[2]导入已处理过的饱和 NaCl 溶液中[3]，未被吸收的 HCl 气体，经过 NaOH 溶液吸收（装置 4、5），可有效地避免其外逸，减少对环境的污染。待广口瓶中有 NaCl 晶体完全析出后，停止通入 HCl 气体，拆卸装置。

（3）将结晶减压过滤，用少量 95%乙醇洗涤 2～3 次，晶体转移至蒸发皿中，水浴加热蒸干，称量，计算产率。

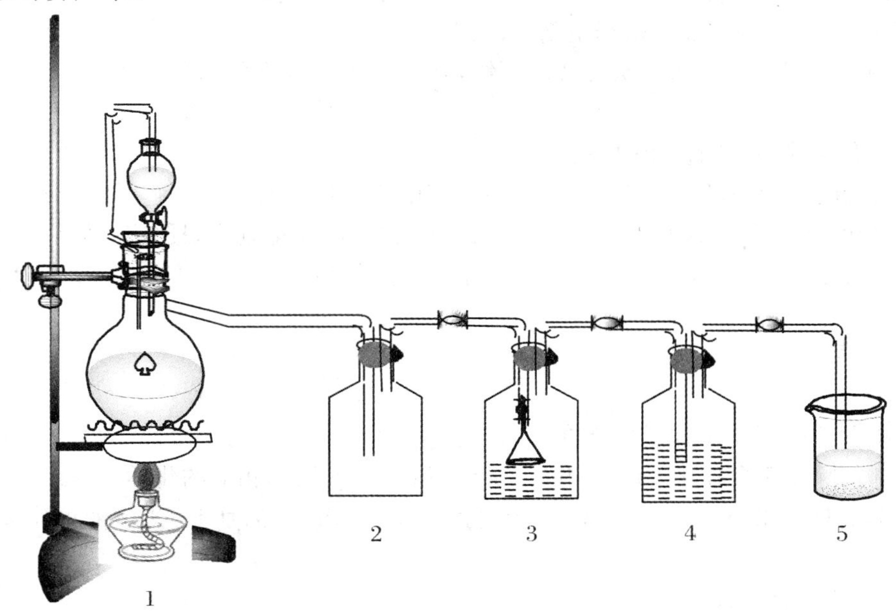

1. 氯气发生器；2.气体缓冲瓶；3. 饱和氯化钠溶液；4、5. 氢氧化钠溶液

图 34.1　精制氯化钠装置图

3. 产品纯度检验

取 1 g 提纯前、后的食盐，分别溶于 5 mL 去离子水中，并分别分装 3 支试管（体积相同），检验其纯度，比较提纯前、后食盐的纯度。

(1) Ca^{2+} 检验。在第一支试管中，滴加 2 滴饱和 $(NH_4)_2C_2O_4$ 溶液，若有沉淀析出，表明有 Ca^{2+} 存在。

(2) Mg^{2+} 检验。在第二支试管中，滴加 NaOH 溶液使之成为碱性，加入 1 滴镁试剂，若出现蓝色沉淀，则表示有 Mg^{2+}。

(3) SO_4^{2-} 检验。在第三支试管中，滴加 2 滴饱和 $BaCl_2$ 溶液及 2 滴 2 mol · L^{-1} HNO_3，若出现白色沉淀，表示有 SO_4^{2-} 存在。

4. Fe^{3+} 的限量检验

在酸性介质中，Fe^{3+} 与 SCN^- 生成血红色配离子，其颜色随配位体数目的增大而变深。因此，可通过比色法对 Fe^{3+} 进行限量检验。

(1) Fe^{3+} (0.1 mg · mL^{-1}) 标准溶液的配制

准确称取 0.7000g 硫酸亚铁铵（$(NH_4)_2Fe(SO_4)_2 \cdot 6H_2O$）[4] 溶于适量的去离子水中，加入浓度为 25% H_2SO_4 溶液 10 mL，定量移入 1000 mL 容量瓶中，稀释至刻度，摇匀。

(2) 标准色阶的配制。

用吸量管准确移取 Fe^{3+} (0.1 mg · mL^{-1}) 标准溶液 5.00 mL，置于 500 mL 容量瓶中，加入 25% H_2SO_4 溶液 5 mL，加水稀释至刻度，摇匀，即得到 0.001 mg · mL^{-1} Fe^{3+} 标准溶液。

取 3 支 25 mL 比色管，按顺序编号，依次加入 0.001 mg · mL^{-1} Fe^{3+} 标准溶液 1 mL、

2 mL、5 mL，向 3 支比色管中分别加入 2 mL HCl 溶液（2.0 mol・L^{-1}）和 1 mL KSCN 溶液（1.0 mol・L^{-1}），再分别加水稀释至刻度，摇匀。

得到标准色阶分别记为一级、二级、三级，其中含 Fe^{3+} 标准分别为 0.001 mg，0.002 mg、0.005 mg。

（3）比色法检验精制食盐的纯度

称取精制食盐 1 g，置于 25 mL 比色管中，用 15 mL 去离子水溶解，加 2 mL HCl（2.0 mol・L^{-1}）和 1 mL KSCN（1.0 mol・L^{-1}）溶液，加水稀释至刻度，摇匀后将溶液呈现的红色与标准色阶比较，确定 Fe^{3+} 含量，判断其精制食盐的纯度。

五、思考题

（1）粗食盐中主要含有哪些杂质？

（2）如何除去粗食盐中 Ca^{2+}、Mg^{2+}、SO_4^{2-} 和 Fe^{3+}？写出相应的化学方程式。

（3）本实验中能否先加入 Na_2CO_3 溶液除去 Ca^{2+}、Mg^{2+}，后加 $BaCl_2$ 溶液再除去 SO_4^{2-}？说明理由。

（4）如何除去粗食盐中 KCl？

注释

[1] 老式蒸馏烧瓶带有支管，通过橡皮塞与冷凝管相连。现在的玻璃器皿组合不用橡皮塞，而是磨口的，可以直接组装，蒸馏烧瓶是由圆底烧瓶和蒸馏头组成替代的。

[2] 使用小玻璃漏斗的目的是为了增大 HCl 气体与 NaCl 溶液的接触面。一方面便于溶液更好地吸收 HCl 气体，另一方面也可防止溶液被倒吸。

[3] 已处理过的饱和氯化钠溶液是指：已经除去了 SO_4^{2-}、Ca^{2+}、Ba^{2+}、Fe^{3+}、Mg^{2+} 等离子的饱和 NaCl 溶液。

[4] 硫酸亚铁铵，俗名称为莫尔盐、摩尔盐，简称 FAS，是一种蓝绿色的无机复盐，分子式为 $(NH_4)_2Fe(SO_4)_2 \cdot 6H_2O$。其俗名来源于德国化学家莫尔（Karl Friedrich Mohr）。可溶于水，在 100～110 ℃时分解。

实验三十五　硫代硫酸钠制备

硫代硫酸钠俗称“海波”，又名“大苏打”，是无色透明单斜晶体。易溶于水、松节油及氨等，不溶于醇，水溶液呈中性。硫代硫酸钠具有较强的还原性和配位能力，是冲洗照相底片的定影剂，棉织物漂白后的脱氯剂，定量分析中的还原剂。

一、实验目的

（1）学习制备硫代硫酸钠的原理和方法；

（2）学习蒸发、浓缩、结晶、抽滤等操作。

二、实验原理

$Na_2S_2O_3 \cdot 5H_2O$的制备方法有多种，其中亚硫酸钠法是工业制备和实验室制备的常用方法，反应方程式如下：

$$Na_2SO_3 + S + 5H_2O = Na_2S_2O_3 \cdot 5H_2O$$

反应液经脱色、过滤、浓缩结晶、干燥等步骤即得产品。$Na_2S_2O_3 \cdot 5H_2O$在空气中加热易分解，因此，在浓缩过程中要注意不能蒸发过度。

三、仪器与试剂

1. 仪器

烧杯，蒸发皿，酒精灯(或电热套)石棉网，点滴板，试管，抽滤装置，锥形瓶，酸式滴定管，烘箱等。

2. 试剂

亚硫酸钠，硫粉，乙醇，活性炭，硝酸银溶液($0.1\ mol \cdot L^{-1}$)，溴化钾溶液($0.1\ mol \cdot L^{-1}$)，碘标准溶液($0.1\ mol \cdot L^{-1}$)，酚酞，淀粉指示剂等。

四、实验步骤

1. 硫代硫酸钠的制备

(1) 称取无水(或七水合)亚硫酸钠12.6 g(或25.2 g)于250 mL烧杯中，分别加入50 mL去离子水和3.2 g硫粉(用3 mL乙醇润湿并充分搅匀[1])，小火煮沸至硫粉全部溶解(煮沸过程中要不停地搅拌，并要注意补充蒸发掉的水分)，停止加热。

(2) 待溶液稍冷，加少许活性炭[2]煮沸2 min，趁热过滤，将滤液收集在蒸发皿中。

(3) 用小火蒸发浓缩[3]滤液，直至有少量晶体析出[4]，停止加热。

(4) 冷却，抽滤，得到硫代硫酸钠晶体($Na_2S_2O_3 \cdot 5H_2O$)。将产品放入40 ℃烘箱[5]中干燥40～60 min。称重，计算产率，将产品放入干燥器中保存。

2. 硫代硫酸钠的性质鉴定

(1) 在点滴板的孔穴中，取一粒硫代硫酸钠晶体用去离子水使之溶解，滴加两滴$0.1\ mol \cdot L^{-1}$ $AgNO_3$溶液，观察现象，写出反应方程式。

(2) 取一粒硫代硫酸钠晶体于试管中，加入1 mL去离子水使之溶解，在试管中滴加几滴碘水，观察现象，写出反应方程式。

(3) 取10滴$0.1\ mol \cdot L^{-1}$ $AgNO_3$溶液于试管中，加10滴$0.1\ mol \cdot L^{-1}$ KBr溶液，静置析出沉淀，弃去上层清液。

另取少量硫代硫酸钠晶体于另一试管中，加1 mL去离子水使之溶解。将硫代硫酸钠溶液迅速倒入AgBr沉淀中，观察现象，写出反应方程式。

(4) 硫代硫酸钠的稳定性鉴定。

3. 无水硫代硫酸钠含量的测定

准确称取 0.5 g 硫代硫酸钠试样于 250 mL 锥形瓶中，加少量去离子水使之溶解。在溶液中，滴入 1～2 滴酚酞，再加入 10 mL HAc－NaAc 缓冲溶液，以保证溶液呈弱酸性。

以淀粉作指示剂，用 0.1 mol · L^{-1} 碘标准溶液[6]进行滴定上述溶液，至溶液变蓝且 1 min 内不退色，即为滴定终点。根据滴定消耗碘的体积、碘的浓度以及称取试样的质量，计算出硫代硫酸钠的含量。

五、思考题

（1）在制备硫代硫酸钠中，硫粉在于亚硫酸钠混合前，为什么先要用乙醇润湿？

（2）蒸发浓缩硫代硫酸钠溶液时，为什么不能浓缩过度？干燥硫代硫酸钠晶体的温度为什么要控制在 40 ℃以内？

注释

[1] 制备反应体系是在水中进行，而硫单质不溶于水，但溶于乙醇，为了提高硫粉与亚硫酸二者的“互溶性”，在水中引入少量乙醇能增加硫粉的溶解度，故先用少量乙醇来溶解硫粉。

[2] 用活性炭脱色，但加活性炭量不宜过多，否则吸附产物降低产率。

[3] 蒸发浓缩时，应控制温度，以防 $Na_2S_2O_3$ 分解。

[4] 如放置一段时间仍无沉淀，是形成了过饱和溶液，可用玻棒摩擦器皿或投入一粒硫代硫酸钠作晶种，破坏过饱和状态。

[5] 五水合硫代硫酸钠在 40～45℃开始融化，48 ℃失水成二水合硫代硫酸钠，100 ℃可全部失去水，所以干燥时要控制温度。

[6] 碘标准溶液配制与标定见实验十九。

实验三十六　硫酸亚铁铵的制备及质量的鉴定

硫酸亚铁铵 $(NH_4)_2Fe(SO_4)_2 \cdot 6H_2O$，俗称莫尔盐，为浅绿色晶体，易溶于水，难溶于乙醇。在空气中比亚铁盐稳定，不易被氧化，在定量分析中常可作为基准物质，用来直接配制亚铁离子的标准溶液或标定未知溶液浓度。

由硫酸铵、硫酸亚铁和硫酸亚铁铵在水中的溶解度数据（表 36.1）可知，在一定温度范围内，硫酸亚铁铵的溶解度比组成它的每一组分的溶解度都小。因此，很容易从浓的硫酸亚铁和硫酸铵混合溶液中制得结晶状的莫尔盐 $FeSO_4 \cdot (NH_4)_2SO_4 \cdot 6H_2O$。

表 36.1　硫酸铵、硫酸亚铁和硫酸亚铁铵在水中的溶解度

盐的相对分子质量 \ t(℃)	10	20	30	40
$M_{(NH_4)_2SO_4}=132.1$	73.0	75.4	78.0	81.0
$M_{FeSO_4 \cdot 7H_2O}=277.9$	37.0	48.0	60.0	73.3
$M_{FeSO_4 \cdot (NH_4)_2SO_4 \cdot 6H_2O}=392.1$		36.5	45.0	53.0

一、实验目的

(1) 理解制备复盐硫酸亚铁铵基本原理及实验方法；
(2) 进一步巩固水浴加热、溶解、过滤、蒸发、结晶等操作；
(3) 掌握用目视比色法检验产品的质量等级。

二、实验原理

先用铁屑与稀硫酸反应制得硫酸亚铁，硫酸亚铁与硫酸铵在水溶液中等物质的量相互作用生成硫酸亚铁铵(即为 $FeSO_4 \cdot (NH_4)_2SO_4 \cdot 6H_2O$ 复盐)。在制备过程中，为了使 Fe^{2+} 不被氧化和水解，溶液需保持足够的酸度。

由于复盐的溶解度比单盐要小，因此，溶液经蒸发浓缩、冷却后，复盐在水溶液中首先结晶，形成复盐 $(NH_4)_2Fe(SO_4) \cdot 6H_2O$ 晶体。反应原理用方程式表示为：

$$Fe + H_2SO_4 = FeSO_4 + H_2\uparrow$$

$$FeSO_4 + (NH_4)_2SO_4 + 6H_2O = FeSO_4 \cdot (NH_4)_2SO_4 \cdot 6H_2O$$

在制备硫酸亚铁铵中，其主要的杂质是 Fe^{3+}，Fe^{3+} 含量决定产品质量纯度，通常采用目视比色法检验 Fe^{3+} 含量、评定产品的纯度。

目视比色法是确定杂质含量的一种常用方法，在确定杂质含量后便能定出产品的级别。具体做法是：将得到的产品试样配制成溶液，与各标准溶液进行比色，如果产品溶液颜色比某一标准溶液的颜色浅，就可确定杂质含量低于该标准溶液中的含量，即低于某一规定的限度，所以这种方法也称为限量分析。

本次实验将采用比色法对制备得到的莫尔盐中 Fe^{3+} 进行限量分析。

三、仪器与试剂

1. 仪器

托盘天平，锥形瓶(150 mL)，水浴锅，布氏漏斗，吸滤瓶，目视比色管 25 mL，抽气管等。

2. 试剂

铁屑，$(NH_4)_2SO_4$(s)，H_2SO_4($3\ mol \cdot L^{-1}$)，HCl($3\ mol \cdot L^{-1}$)，Na_2CO_3(10%)，乙醇(95%)，25% KSCN 等。

四、实验步骤

1. 铁屑去油污

称取 4 g 铁屑置于 150 mL 锥形瓶中，加入 20 mL 10% Na_2CO_3 溶液[1]，将烧杯放在石棉网上用酒精灯小火加热约 10 min，待溶液稍冷后，用倾滗法倒掉碱液，用少量水洗涤铁屑 2～3 次，以除去铁屑表面 Na_2CO_3 溶液。

2. 硫酸亚铁的制备

(1) 将去过油污的铁屑置于 100 mL 烧杯中，加入 25 mL 3 mol・L^{-1} H_2SO_4溶液[2]，水浴加热约 30 min[3]，在加热反应过程中，应经常取出锥形瓶摇动，以加速反应，注意补充蒸发掉的水分(维持溶液体积 30 mL 左右)。直至不再产生气泡时，再补加 1 mL 3 mol・L^{-1} H_2SO_4溶液酸化[4]，趁热过滤，滤液迅速转移至蒸发皿中。

(2) 用滤纸将残渣表面水吸干并称重，计算反应掉铁屑和生成 $FeSO_4$的质量。

3. 制备$(NH_4)_2Fe(SO_4)_2 \cdot 6H_2O$晶体

(1) 根据生成莫尔盐 $FeSO_4$与$(NH_4)_2SO_4$反应计量比 1∶1，计算出需要$(NH_4)_2SO_4$的质量。

(2) 称取所需的$(NH_4)_2SO_4$量，加入盛放滤液($FeSO_4$溶液)的蒸发皿中，水浴加热并搅拌使其充分反应，待溶液浓缩至表面出现一层晶膜时，停止加热，自然冷却，直至有大量晶体析出。

(3) 减压过滤，并用 95%乙醇洗涤晶体 2～3 次。再用滤纸将晶体表面水吸干，称重并计算产率。

4. 产品纯度检验

Fe^{3+}的限量分析[5]：取 1 g 样品置于 25 mL 比色管中，加无氧蒸馏水 15 mL，再加 2 mL 3 mol・L^{-1} HCl 溶液和 1 mL 25% KSCN，加水稀释至刻度。

目视比色，与标准溶液做颜色对比[6]，确定产品等级。

五、思考题

(1) 为什么在制备硫酸亚铁时要使铁过量?

(2) 水浴加热时应注意什么问题?

(3) 怎样确定所需要的硫酸铵用量? 如何配制硫酸铵饱和溶液?

(4) 为什么制备硫酸亚铁铵时要保持溶液有较强的酸性?

(5) 在蒸发、浓缩过程中，若溶液变为黄色，是什么原因，应如何处理?

注释

[1] 在机械加工过程中，铁屑表面沾有油污，可采用碱煮(饱和 Na_2CO_3溶液，约 10 min)的方法除去。

[2] 在铁屑与硫酸作用的过程中，除生成 $FeSO_4$外，还可能产生大量的 H_2及少量有毒气体(如 H_2S、PH_3等)，因此该操作应在通风橱中进行，避免发生事故。

[3] 在制备 $FeSO_4$时，水浴加热的温度不要超过 80 ℃，以免反应过猛。

[4] 保持溶液呈酸性，促使铁屑与硫酸不断反应。

[5] 在检验产品中 Fe^{3+} 含量时，为防止 Fe^{2+} 被溶解在水中的氧气氧化，可将去离子水加热至沸腾，以赶出水中溶入的氧气。

[6] 见实验三十四。

实验三十七　纳米 ZnO 的制备及质量分析

纳米材料是晶粒和晶界等显微结构达到纳米级尺度水平的材料，是材料科学的一个重要发展方向。纳米材料由于粒径很小，比表面积很大，表面原子数会超过体原子数。因此纳米材料常表现出与本体材料不同的性质。在保持原有物质化学性质的基础上，呈现出热力学上的不稳定性。如：纳米材料可大大降低陶瓷烧结及反应的温度，明显提高催化剂的催化活性，气敏材料的气敏活性和磁记录材料的信息存储量。纳米材料在发光材料、生物材料方面也有重要的应用。

氧化锌又称锌白、锌氧粉。纳米氧化锌是一种新型高功能精细无机粉料，其粒径介于 1～100 nm之间。由于颗粒尺寸微细化，使得纳米氧化锌产生了其本体块状材料所不具备的表面效应、小尺寸效应、量子效应和宏观量子隧道效应等，因而使得纳米氧化锌在磁、光、电敏感等方面具有一些特殊的性能。本产品主要用于制造气体传感器、荧光体、紫外线遮蔽材料（在 200～400 nm 紫外光区有很强的吸收能力）、变阻器、图像记录材料、压电材料、高效催化剂、磁性材料和塑料薄膜等，也可用作天然橡胶、合成橡胶及胶乳的硫化活化剂和补强剂。此外，也广泛用于涂料、医药、油墨、造纸、搪瓷、玻璃、火柴、化妆品等工业行业。

一、实验目的

(1) 了解纳米氧化锌的制备原理及方法；

(2) 掌握化学沉淀法制备纳米氧化锌及其质量分析；

(3) 了解纳米氧化锌结构分析方法。

二、实验原理

氧化锌纳米粉的制备方法很多种，有化学沉淀法、热分解法、固相反应法、溶胶凝胶法、气相沉积法、水热法等。本实验采用化学沉淀法，以 $ZnCl_2$ 和 $H_2C_2O_4$ 反应生成 $ZnC_2O_4 \cdot 2H_2O$ 沉淀，经煅烧后得纳米氧化锌粉，反应式如下：

$$ZnCl_2 + H_2C_2O_4 + 2H_2O = ZnC_2O_4 \cdot 2H_2O + 2HCl$$

$$ZnC_2O_4 \cdot 2H_2O \xlongequal{\triangle} ZnO + CO(g) + CO_2(g) + 2H_2O$$

三、仪器与试剂

1. 仪器

电子天平（0.1 mg），台秤，磁力搅拌器，真空干燥箱，抽滤装置，马弗炉，透射电镜（TEM），X 射线衍射仪（XRD）等。

2. 试剂

$ZnCl_2(s)$，$H_2C_2O_4(s)$，HCl(1∶1)，$NH_3 \cdot H_2O$(1∶1)，氨缓冲溶液(pH≈10)，铬黑 T 指示剂(0.5%溶液)，EDTA 标准溶液(0.0500 mol·L^{-1})等。

四、实验步骤

1. 纳米氧化锌的制备

用台秤称取 1.0 g $ZnCl_2(s)$于 100 mL 小烧杯中，加入 50 mL 水溶解，配制成约 1.5 mol·L^{-1}的 $ZnCl_2$溶液。用台秤称取 9 g $H_2C_2O_4(s)$于 50 mL 小烧杯中，加入 40 mL 水溶解，配制成约 2.5 mol·L^{-1}的 $H_2C_2O_4$溶液。

将上述两种溶液加入到 250 mL 烧杯中，在常温下采用磁力搅拌 2 h，生成白色 $ZnC_2O_4 \cdot 2H_2O$ 沉淀。

过滤反应混合物，滤渣用蒸馏水洗涤后，在 110 ℃真空干燥箱中干燥。将干燥后的沉淀置于马弗炉中，开启炉门[1]在温度为 350～450 ℃下焙烧 1.5～2 h，得到白色(或淡黄色)纳米氧化锌粉末。

2. 产品质量分析

氧化锌含量的测定。准确称取 0.13～0.15 g 干燥试样，置于 500 mL 锥形瓶中，加入少量水润湿，在加热条件下，不断加入 1∶1 HCl 溶液直至试样完全溶解，加水至 200 mL，用 1∶1 $NH_3 \cdot H_2O$ 中和至 pH＝7～8，再加入 10 mL 氨缓冲溶液和 5 滴铬黑 T 指示剂，用 0.0500 mol·L^{-1} EDTA 标准溶液滴定至溶液由葡萄紫色变为蓝色，即为终点。

3. 纳米氧化锌结构分析[2]

(1) 利用透射电镜观测样品 ZnO 形貌；

(2) 利用 X 射线衍射仪检测 ZnO 物相及晶胞尺寸并计算粒子半径。

五、思考题

(1) $ZnCO_3$分解也能得到 ZnO，试讨论本实验为何用 ZnC_2O_4而不是 $ZnCO_3$？

(2) ZnC_2O_4焙烧时为何需要 O_2？

注释

[1] 为使 ZnC_2O_4氧化完全，在马弗炉中焙烧时应经常开启炉门，以保证充足的氧气。

[2] 选做内容。有条件可进行部分或全部结构分析。

实验三十八 牛奶酸度和钙的含量测定

通过测定牛奶的酸度即可确定牛奶的新鲜程度，同时也可反映出乳质的实际状况。

牛奶的酸度一般以完全中和 100 mL 牛奶所需 0.1 mol·L^{-1}氢氧化钠溶液的毫升数来

表示。正常牛奶的酸度随乳牛的产地、品种、饲料、泌乳期的不同而略有差异。如果牛奶放置时间过长，会因细菌繁殖而致使牛奶酸度降低，因此，牛奶酸度是反映牛奶质量的一项重要指标。

牛奶是乳牛的乳汁，是最古老的天然饮品之一。牛奶营养丰富，其中含有 8 种氨基酸及人体所需的各种营养元素，特别是含有大量的无机矿物质成分，如钙、磷等。它所具有的原生营养性是其他任何人造营养品都无法比拟的。

牛奶容易被消化吸收，食用方便，经常性地饮用牛奶对人体骨骼的生长，促进人体对钙磷的吸收，促进儿童大脑发育，对人体内的脂肪降解都发挥着重要的作用。

一、实验目的

（1）掌握牛奶酸度测定的原理和方法；

（2）掌握氧化还原间接法测定钙含量的原理及方法；

（3）掌握乳浊液滴定终点的观察与判断。

二、实验原理

牛奶的酸性成分主要是由多种有机酸组成，这些有机酸是优质牛奶经消毒后，加入乳酸链球菌再通过发酵而生成。可用酸碱滴定法测定其总酸度。

牛奶中含有不少金属离子（如碱土金属、Pb^{2+}、Cd^{2+} 等），利用沉淀反应，先将某些金属离子与草酸根形成难溶的草酸盐沉淀，然后将沉淀溶解，再用高锰酸钾法间接测定这些金属离子，从而测出其含量。

牛奶中钙的测定相关反应式为

$$Ca^{2+} + C_2O_4^{2-} \xlongequal{} CaC_2O_4 \downarrow$$

$$CaC_2O_4 + H_2SO_4 \xlongequal{} CaSO_4 + H_2C_2O_4$$

$$5H_2C_2O_4 + 2MnO_4^- + 6H^+ \xlongequal{} 2Mn^{2+} + 10CO_2 \uparrow + 8H_2O$$

三、仪器及试剂

1. 仪器

量筒，锥形瓶，碱式滴定管，pHS－25 型酸度计，移液管（25 mL），锥形瓶（250 mL）等。

2. 试剂

NaOH 标准溶液（0.1 $mol \cdot L^{-1}$），酚酞溶液（2 $g \cdot L^{-1}$），邻苯二甲酸氢钾，市售酸牛奶，$KMnO_4$溶液（0.02 $mol \cdot L^{-1}$），$(NH_4)_2C_2O_4$（5 $g \cdot L^{-1}$），氨水（10%），HCl（1∶1，v/v），H_2SO_4（1 $mol \cdot L^{-1}$），甲基橙（2 $g \cdot L^{-1}$），硝酸银（0.1 $mol \cdot L^{-1}$）等。

四、实验步骤

1. 酸度的测定

(1) 滴定法

准确量取 50.00 mL 市售牛奶,置于 250 mL 锥形瓶中,加入 50 mL 纯水稀释,再滴加 5 滴 1%酚酞指示剂,充分振荡、混合均匀。用 0.1 mol·L^{-1} 氢氧化钠标准溶液进行滴定,直至样品呈微红色,且 30 s 内不消失,即为滴定终点,记录所需 NaOH 的体积;平行测定 3 次,计算牛奶中平均酸度(以每 100 mL 牛奶消耗的 NaOH 克数表示)。

(2) 酸度计法

按照 pH 计的使用说明,用 pH=6.86 和 pH=4.01 的标准缓冲溶液校准、定位后,用纯水洗涤电极,擦干,备用。

量取 50 mL 上述市售牛奶,置于 100 mL 烧杯中,用校准洗涤干燥后的酸度计测定其 pH 值。记录数值,平行测定 3 次,计算牛奶中平均酸度。

2. 间接滴定法测酸牛奶中钙含量

准确称取牛奶二份(每份约含钙 0.05 g)分别置于 250 mL 烧杯中,加适量蒸馏水及 HCl 溶液,加热促使其溶解。再向溶液中滴加 2～3 滴甲基橙指示剂,用氨水进行酸碱中和,待溶液颜色由红色变为黄色时,趁热缓慢加入 50 mL 5 g·L^{-1} $(NH_4)_2C_2O_4$溶液,再在低温电热板(或水浴)上陈化 30 min 后,冷却过滤,充分洗涤沉淀,至无 Cl^- 为止(滤液在 HNO_3介质中以 $AgNO_3$检查)。将带有沉淀的滤纸铺在原烧杯的内壁上,先用 50 mL 浓度为 1 mol·L^{-1} H_2SO_4把沉淀由滤纸上洗入烧杯中,再用洗瓶洗两次,加热至 70～80 ℃,使其充分溶解后,再用 0.02 mol·L^{-1}标准 $KMnO_4$溶液滴定至溶液呈淡红色,再将滤纸搅入溶液中,若溶液退色,则继续滴定,直至出现的淡红色在 30 s 内不消失,即为滴定终点。平行测定 3 次,计算牛奶中平均钙含量。

五、思考题

(1) 以$(NH_4)_2C_2O_4$沉淀时,pH 值控制为多少,为什么选择这个 pH 值?

(2) 加入$(NH_4)_2C_2O_4$时,为什么要在热溶液中逐滴加入?

(3) 洗涤 CaC_2O_4沉淀时,为什么要洗至无 Cl^-?

实验三十九　蛋壳中钙、镁含量的测定

钙是骨骼发育的基本原料,除了直接影响人的身高外,还在人体内具有其他重要的生理功能。镁也是一种参与生物体正常生命活动和新陈代谢过程中必不可少的元素,参与维持基因的稳定。

鸡蛋壳中含有丰富的 Ca、Mg、Fe、Al 等元素,其中钙的含量最高(达 93%～95%),主要

是以 $CaCO_3$形式存在，其次是 $MgCO_3$。随着人们生活水平的提高，人们对鸡蛋的需求量不断增大，同时蛋壳的综合利用也受到人们的青睐，大量的蛋壳被应用于制药、饲料等行业中。但是不同种类的蛋壳中钙、镁含量也有一定的差异，如何测定蛋壳中钙、镁含量？

在实验室中常有以下三种方法：酸碱滴定法，配位滴定法，高锰酸钾滴定法。

方法Ⅰ　酸碱滴定法测定蛋壳中碳酸钙的含量

一、实验目的

(1) 学习蛋壳试样的处理；

(2) 掌握酸碱滴定法测蛋壳中 $CaCO_3$的原理和方法；

(3) 掌握酸碱滴定中指示剂选择及应用范围。

二、实验原理

利用碳酸盐与 HCl 能够发生复分解反应，反应方程式为

$$CaCO_3 + 2H^+ = Ca^{2+} + CO_2 \uparrow + H_2O$$

$$MgCO_3 + 2H^+ = Ca^{2+} + CO_2 \uparrow + H_2O$$

过量的 HCl 能被 NaOH 中和。所以可用 NaOH 标准溶液返滴定，由加入 HCl 的物质的量与返滴定所消耗的 NaOH 的物质的量之差，即可求得试样中 $CaCO_3$ 的含量(蛋壳中含有少量 $MgCO_3$，用酸碱滴定测得 $CaCO_3$ 的含量为近似值)。

三、仪器与试剂

1. 仪器

三角锥形瓶(250 mL)，酸碱滴定管(50 mL)，移液管(25 mL)，电子天平，试剂瓶(500 mL)，量筒等。

2. 试剂

浓 HCl，NaOH(AR，s)，甲基橙指示剂($1\ g \cdot L^{-1}$)，基准物质 Na_2CO_3等。

四、实验内容

1. 酸碱溶液的配制与标定

(1) $0.1\ mol \cdot L^{-1}$NaOH 溶液的配制。称取适量的 NaOH 固体于小烧杯中，加水溶解后转移至试剂瓶中，用水稀释至 500 mL，摇匀。

(2) $0.1\ mol \cdot L^{-1}$HCl 溶液的配制。用量筒量取适量的浓 HCl 于 500 mL 试剂瓶中，

用水稀释至刻度,摇匀。

(3) 酸碱溶液的标定。准确称取 0.5500～0.6500 g 基准物质 Na_2CO_3 三份于锥形瓶中,分别加入 50 mL 煮沸去除 CO_2 并冷却的纯水,温热摇匀使其溶解,加入 1～2 滴甲基橙指示剂,用上述配好的 HCl 溶液滴定至橙色即为滴定终点。计算 HCl 溶液的准确浓度。再用该 HCl 标准溶液标定 NaOH 溶液的浓度。

2. $CaCO_3$ 含量的测定

(1) 蛋壳的处理[1]。将蛋壳去内膜并洗净,烘干后研碎,再置于瓷坩埚中,用电炉灰化。冷却,加适量稀盐酸润湿,小火蒸至无烟,置于马弗炉内(1000 ℃)灰化 2 h,取出,冷却,待用。

(2) 准确称取三份 0.1 g 蛋壳试样,置于三个锥形瓶中。用酸式滴定管在锥形瓶中逐滴加入 HCl 标准溶液 40 mL 左右。小火加热溶解后,冷却,加入 1～2 滴甲基橙指示剂,以 NaOH 标准溶液返滴定至黄色,即为滴定终点。计算 $CaCO_3$ 含量(质量分数)。

五、思考题

(1) 为什么向试样中加入 HCl 溶液时要逐滴加入?加入 HCl 溶液后为什么要放置 30 min 后再用 NaOH 返滴定?

(2) 实验中能否使用酚酞作为指示剂?

注释

[1] 研碎后的蛋壳,可直接用 80～100 目的标准筛过滤,操作简单。

方法Ⅱ 配位滴定法测定蛋壳中钙、镁总量

一、实验目的

(1) 学习固体试样酸溶方法;

(2) 掌握配位滴定测蛋壳中 Ca、Mg 含量的原理和方法;

(3) 掌握配位滴定中指示剂的选择及应用范围。

二、实验原理

鸡蛋壳中 $CaCO_3$ 含量的测定,除了可用酸碱滴定方法外,还可以用配位滴定法测定。

由于试样中含酸不溶物较少,故可用盐酸将其溶解制成溶液。试样经溶解后,Ca^{2+}、Mg^{2+} 共存于溶液中。

为提高配位的选择性,在 pH≈10 时[1],加入掩蔽剂三乙醇胺使之与 Fe^{3+}、Al^{3+} 等离子

生成更稳定的配合物，排除它们对 Ca^{2+}、Mg^{2+} 离子测定的干扰。以铬黑 T 作指示剂，用 EDTA 标准溶液直接滴定，根据滴定消耗 EDTA 溶液的体积，计算出溶液中钙和镁的总含量。

反应原理用方程式表示：

$$M^{2+}(Ca^{2+}、Mg^{2+})+H_2Y^{2-} = MY^{2-}+2H^+$$

三、仪器与试剂

1. 仪器

电子天平，三角锥形瓶（250 mL），酸式滴定管（50 mL），移液管（25 mL），容量瓶（250 mL），瓷坩埚，干燥箱等。

2. 试剂

HCl（6 mol・L^{-1}），铬黑 T 指示剂（2 g・L^{-1}），三乙醇胺水溶液（1∶1），氨缓冲溶液（pH≈10），EDTA（0.0100 mol・L^{-1}）标准溶液等。

四、实验步骤

1. 蛋壳的处理

将蛋壳去内膜并洗净，烘干后研碎，再置于瓷坩锅中，用电炉灰化。冷却，加适量稀盐酸润湿，小火蒸至无烟，置于马弗炉内（1000℃）灰化 2h，取出冷却待用。

2. 试样的溶解及试液的制备

准确称取上述试样 0.2500～0.3000 g，置于 250 mL 烧杯中，加少量水润湿，盖上表面皿，用滴管逐滴加入 HCl（6 mol・L^{-1}）5 mL 于烧瓶中，使其完全溶解，必要时用小火加热（如有不溶物需过滤）。冷却后，溶液移至 250 mL 容量瓶中，加去离子水稀释至接近刻度线，若有泡沫，滴加 2～3 滴 95%乙醇，泡沫消除后，再加水至刻度，摇匀。

3. Ca、Mg 总量的测定

准确移取试液 25.00 mL，置于 250 mL 锥形瓶中，分别加入 20 mL 水和 5 mL 三乙醇胺（1∶1），摇匀，再加入 10 mL 氨缓冲液（pH≈10），摇匀。加入三滴铬黑 T 指示剂，用 EDTA 标准溶液[2]滴定，至溶液由紫红色变为蓝紫色，即为滴定终点。

根据 EDTA 消耗的体积计算 Ca^{2+}、Mg^{2+} 总量，以 CaO 的含量表示。

五、思考题

（1）如何确定蛋壳粉末的称量范围？（提示：先粗略确定蛋壳粉中钙、镁含量，再估计蛋壳粉的称量范围）

（2）蛋壳粉溶解稀释时为何加 95%乙醇可以消除泡沫？

（3）试写出钙、镁总量的计算式（以 CaO 含量表示）。

注释

[1] 溶液中pH值对滴定影响较大，这是因为pH值太小，EDTA易于H^+结合，无法再与Ca^{2+}、Mg^{2+}离子配合；pH值太大，Ca^{2+}、Mg^{2+}易生成沉淀。故通常选择pH=10的氨性缓冲溶液来控制体系的酸碱度。

[2] EDTA标准溶液的配制与标定见实验十六。

方法Ⅲ 高锰酸钾法测定蛋壳中钙的含量

一、实验目的

(1) 掌握高锰酸钾法测定蛋壳中钙含量的原理；
(2) 掌握间接氧化还原滴定测钙含量的方法和条件；
(3) 进一步巩固滴定分析操作。

二、实验原理

高锰酸钾法测定蛋壳中的钙，实际上就是氧化还原滴定法。即利用蛋壳中的Ca^{2+}与$C_2O_4^{2-}$形成难溶的CaC_2O_4沉淀，再将CaC_2O_4沉淀经过滤、洗涤、分离后溶解，利用$KMnO_4$与$C_2O_4{}^{2-}$能够发生氧化还原反应的原理，以高锰酸钾法测定$C_2O_4{}^{2-}$含量，经过换算，求出氧化钙的含量，相关反应式如下：

$$Ca^{2+}+C_2O_4^{2-}=\!=\!=CaC_2O_4\downarrow$$
$$CaC_2O_4+H_2SO_4=\!=\!=CaSO_4+H_2C_2O_4$$
$$5H_2C_2O_4+2MnO_4^-+6H^+=\!=\!=2Mn^{2+}+10CO_2\uparrow+8H_2O$$

某些金属离子(Ba^{2+}、Sr^{2+}、Mg^{2+}、Pb^{2+}、Cd^{2+}等)与$C_2O_4^{2-}$能形成沉淀，对测定Ca^{2+}有干扰，可通过陈化等操作来消除或减弱其对实验的影响。

三、仪器与试剂

1. 仪器

三角锥形瓶(250 mL)，酸式滴定管(50 mL)，移液管(25 mL)，电子天平等。

2. 试剂

高锰酸钾(s，AR)，草酸钠晶体(s，AR)，草酸铵(2.5%)，氨水(10%)，盐酸(浓，1∶1)，硫酸(1 mol·L^{-1})，甲基橙指示剂(2 g·L^{-1})，硝酸银(0.1 mol·L^{-1})等。

四、实验步骤

1. 0.01 mol·L^{-1} $KMnO_4$溶液的配制与标定

(1) 0.01 mol·L^{-1} $KMnO_4$溶液的配制。称取稍多于计算量的$KMnO_4$，加入适量的水中使其溶解，加热煮沸 20～30 min。冷却后在暗处放置 7～10 天(如果溶液经煮沸并在水浴中保温 1 h，放置 2～3 天即可)，然后用玻璃砂芯漏斗(或玻璃纤维)过滤除去 MnO_2 等杂质。滤液贮存于棕色玻璃瓶中，待测定。

(2) $KMnO_4$ 溶液浓度的标定。精确称取 0.06～0.08 g 烘干后的分析纯草酸钠晶体于 250 mL 锥形瓶中，分别加入 10 mL 水和 30 mL 的 H_2SO_4(1 mol·L^{-1})使之溶解，加热至 75 ℃，立即用待标定的 $KMnO_4$ 溶液标定。开始滴定时反应速度慢，每加入一滴 $KMnO_4$ 溶液，都要摇动锥形瓶，使 $KMnO_4$ 溶液颜色退去后，再继续滴定。待溶液中产生 Mn^{2+} 后，滴定速度可加快，临近终点时减慢速度，同时充分摇匀，至溶液突变为浅红色并持续 30 s 不退色即为滴定终点，平行测定 3 次，计算 $KMnO_4$ 溶液的浓度。

2. 蛋壳中钙含量的测定

(1) 准确称取 0.07～0.08 g 蛋壳粉于 250 mL 烧杯中，分别加入 3 mL 盐酸(1∶1)和 20 mL 去离子水，加热溶解，滤去不溶物。

(2) 在滤液中加入 50 mL $(NH_4)_2C_2O_4$(2.5%)溶液，如有沉淀，滴加适量的盐酸使之溶解，加热至溶液温度为 70～80 ℃时，停止加热，滴加 2～3 滴甲基橙至溶液呈黄色(如溶液呈红色，滴加 10%氨水中和至溶液呈黄色)。

(3) 将溶液冷却、静置，陈化 20 min。把陈化后的悬浮液分装在多个离心管中，离心分离。收集沉淀，沉淀经水洗涤至滤液中无 Cl^-(在滤液中滴加 $AgNO_3$ 检验)，停止洗涤。

(4) 将沉淀放入 250 mL 锥形瓶中，加入 50 mL 稀硫酸(1 mol·L^{-1})溶解，将带有沉淀的滤纸用洗瓶吹洗多次并转入锥形瓶中。加水稀释至瓶中溶液为 100 mL，加热至溶液温度为 70～80 ℃时，停止加热，立即用高锰酸钾标准溶液滴定，至溶液呈粉红色，再把滤纸放入锥形瓶中，继续滴至溶液粉红色变浅，且 30 s 内不退色即为终点。平行测定 3 次，计算钙、镁总量，用 CaO 的含量表示。

五、思考题

(1) 用 $(NH_4)_2C_2O_4$ 沉淀 Ca^{2+}，溶液中的 pH 值应该为多少才能够使之沉淀?

(2) 在沉淀钙时，加入甲基橙的目的是什么?

(3) 沉淀为什么要洗至无 Cl^- 为止?

实验四十　水体中化学耗氧量(COD)测定

化学耗氧量(COD)是指在一定的条件下，用强氧化剂处理水样时所消耗的氧化剂的量，再将氧化剂的量换算成氧的量(mg·L^{-1})来表示。

化学耗氧量(COD)是一种常用评价水体污染程度的综合性指标，是反映水体受到还原性物质污染的程度。由于水体中最常见的还原性物质大都是有机物，因此，COD 在一定程度上反映了水体受到有机物污染的程度，COD 越高，污染越严重。我国《地表水环境质量标准》明确规定，生活饮用水源 COD 浓度应小于 15 mg·L^{-1}，景观用水 COD 浓度应小于 40

$mg \cdot L^{-1}$。

对于地表水、地下水、应用水和生活污水中COD的测定，通常情况下采用高锰酸钾法测定[1]。但此法因Cl^-有干扰，所以，对于含Cl^-较高[2]的工业废水COD的测定，不宜用常用高锰酸钾法，而采用重铬酸钾法进行测定。

一、实验目的

(1) 了解化学耗氧量(COD)测定的意义；

(2) 掌握高锰酸钾法和重铬酸钾法测定化学耗氧量的原理及方法。

二、实验原理

1. 高锰酸钾法

在酸性条件下，向待测水样中加入一定量的$KMnO_4$标准溶液，加热煮沸，使水中有机物充分被$KMnO_4$氧化。

过量的$KMnO_4$用$Na_2C_2O_4$标准溶液还原，再以$KMnO_4$标准溶液返滴定过量的$Na_2C_2O_4$。根据$KMnO_4$和$Na_2C_2O_4$的用量来计算待测水样的耗氧量。

水处理反应方程式为

$$4MnO_4^- + 5C + 12H^+ = 4Mn^{2+} + 5CO_2 \uparrow + 6H_2O$$

滴定反应方程式为

$$2MnO_4^- + 5C_2O_4^{2-} + 16H^+ = 2Mn^{2+} + 10CO_2 \uparrow + 8H_2O$$

2. 重铬酸钾法

在强酸性溶液中，以Ag_2SO_4作催化剂，加入过量的$K_2Cr_2O_7$溶液氧化水中的还原性物质，过量的$K_2Cr_2O_7$以试亚铁灵[3]为指示剂，用硫酸亚铁铵标准溶液返滴定。氯离子可在回流前通过加入$HgSO_4$使其生成配合物来消除干扰。

滴定反应式为：

$$Cr_2O_7^{2-} + 6Fe^{2+} + 14H^+ = 2Cr^{3+} + 6Fe^{3+} + 7H_2O$$

根据消耗相关溶液的体积和浓度，计算出待测水样中还原性物质消耗氧的量。

三、仪器和试剂

1. 仪器

电子天平，移液管(10 mL，25 mL，50 mL)，锥形瓶(250 mL)，容量瓶(100 mL)，酸式滴定管，磨口锥形瓶(250 mL)，冷凝管回流装置，电炉或电热套等。

2. 试剂

氨基磺酸铵(AR)，硫酸铵(AR)，草酸钠(AR)，高锰酸钾(s，AR)，浓硫酸($6\ mol \cdot L^{-1}$)，硫酸汞(s，AR)，重铬酸钾(s，AR)，氨水，试亚铁灵指示剂，硫酸亚铁(s，AR)，硫酸银(s，AR)等。

四、实验步骤

1. 高锰酸钾法

（1）0.0020 mol·L^{-1} $KMnO_4$标准溶液的配制

① 准确称取 0.17 g $KMnO_4$固体于 250 mL 烧杯中，分数次加水溶解。全部溶解后，转移至 500 mL 棕色试剂瓶中，加水稀释至刻度，摇匀，塞紧。

② 静置一周后，用砂芯漏斗过滤除去不溶物，溶液仍收集于棕色试剂瓶中，待用。

（2）0.0050 mol·L^{-1} $Na_2C_2O_4$ 标准溶液的配制

准确称取 0.15～0.18 g $Na_2C_2O_4$于烧杯中，加水溶解，定容于 250 mL 容量瓶中，精确计算 $Na_2C_2O_4$标准溶液的浓度。

（3）$KMnO_4$ 标准溶液与 $Na_2C_2O_4$ 标准溶液体积比的确定

准确移取 10.00 mL $Na_2C_2O_4$标准溶液于 250 mL 锥形瓶中，加入 100 mL 蒸馏水和 10 mL H_2SO_4(6 mol·L^{-1})溶液，加热至溶液温度为 70～80 ℃，用 $KMnO_4$标准溶液滴定至溶液呈粉红色，且在 30 s 内不退色即为滴定终点。平行测定 3 次。

（4）水中化学耗氧量的测定

① 取 100.00 mL 待测水样[4]于 250 mL 锥形瓶中，加入 10 mL H_2SO_4(6 mol·L^{-1})溶液，由滴定管中放出 10.00 mL(V_2)标准 $KMnO_4$(0.002 mol·L^{-1})溶液于锥形瓶中(注意：加 2～3 粒沸石，防止暴沸)，加热至沸。

② 沸腾状态保持 10 min，溶液呈红色(如未呈红色，可补加 $KMnO_4$溶液)。停止加热后冷却 1 min，再准确滴加 10.00 mL(V_3) $Na_2C_2O_4$标准溶液于锥形瓶中，充分摇匀，溶液呈无色(如未呈无色，可补加 $Na_2C_2O_4$溶液)。

③ 趁热用 $KMnO_4$ 标准溶液滴定，注意滴定速度，可采取先慢后快[5]。先滴入 1 滴 $KMnO_4$，摇动溶液，如红色退去，继续滴定。快到终点时逐滴滴入，直至加入 1 滴(最好半滴)后溶液呈微红色，30 s 不退色即为滴定终点，记录滴定体积 V_4。

④ 另取 100.00 mL 去离子水替代水样，重复上述操作，求出空白值。样品与空白均平行测定 3 次。

2. 重铬酸钾法

（1）0.0400 mol·L^{-1} $K_2Cr_2O_7$标准溶液的配制

准确称取 150～180 ℃下烘干的 1.1767 g $K_2Cr_2O_7$溶于小烧杯中，加适量去离子水使之溶解，待完全溶解后转移至 100 mL 容量瓶中，稀释至刻度，充分摇匀。

（2）0.1 mol·L^{-1} $FeSO_4\cdot(NH_4)_2SO_4\cdot 6H_2O$ 溶液的配制与标定

① 称取 7.9 g $FeSO_4\cdot(NH_4)_2SO_4\cdot 6H_2O$ 溶于蒸馏水中，边搅拌边缓慢加入 4 mL 浓 H_2SO_4。冷却后稀释至 200 mL，转移到试剂瓶中。

② $FeSO_4\cdot(NH_4)_2SO_4\cdot 6H_2O$ 溶液的标定。准确移取 10.00 mL $K_2Cr_2O_7$标准溶液于 250 mL 锥形瓶中，加入 100 mL 去离子水，缓慢加入30 mL浓 H_2SO_4，摇匀。冷却后，加入 3 滴试亚铁灵指示剂，用 $FeSO_4\cdot(NH_4)_2SO_4\cdot 6H_2O$ 溶液滴定，至锥形瓶中溶液由黄色先变为蓝绿色、再变为红褐色，即为滴定终点。根据滴定消耗 $FeSO_4\cdot(NH_4)_2SO_4\cdot 6H_2O$

溶液的体积(V_{Fe}),计算 $FeSO_4 \cdot (NH_4)_2SO_4 \cdot 6H_2O$ 标准溶液浓度(C_{Fe})。

(3) 水中化学耗氧量的测定

① 移取 25.00 mL 水样于 250 mL 磨口锥形瓶中,准确加入 10.00 mL $K_2Cr_2O_7$(0.0400 $mol \cdot L^{-1}$)标准溶液及数粒沸石,连接磨口冷凝管,从冷凝管上口缓慢分批(3~4 次)加入 30 mL H_2SO_4/Ag_2SO_4溶液[6],轻摇混合均匀,加热回流 2 h[7],停止加热。

② 冷却至室温,用适量蒸馏水冲洗取下冷凝管壁[8],拆去冷凝管。向锥形瓶中加水稀释至 100 mL。

③ 在锥形瓶的溶液中,滴加 3 滴试亚铁灵指示剂,用 $FeSO_4 \cdot (NH_4)_2SO_4 \cdot 6H_2O$ 标准溶液滴定,至溶液由黄色先变为蓝绿色、再变为红褐色,即为滴定终点。记录滴定消耗的 $FeSO_4 \cdot (NH_4)_2SO_4 \cdot 6H_2O$ 标准溶液的体积(V_1)。

④ 空白试验。用 25.00 mL 去离子水按以上同样步骤做空白试验。记录空白滴定时所用的 $FeSO_4 \cdot (NH_4)_2SO_4 \cdot 6H_2O$ 标准溶液的体积(V_0),计算水中耗氧量(COD_{Cr})。

五、数据处理

1. 高锰酸钾法

(1) 计算草酸钠溶液的浓度:

$$C(Na_2C_2O_4)=\frac{m(Na_2C_2O_4)\times 1000}{M(Na_2C_2O_4)\times 250}$$

(2) 水样中的 COD:

$$COD(mgO/L)=\frac{\left[\frac{10.00}{V_1}\times(V_2+V_4)-V_3\right]\times C(Na_2C_2O_4)\times 8.00\times 1000}{V_{水样}}$$

2. 重铬酸钾法

(1) 硫酸亚铁铵标准溶液浓度:

$$C_{Fe}=\frac{6\times 0.04000\times 10.00}{V_{Fe}}$$

(2) 水样中的 COD:

$$COD(mgO/L)=\frac{C_{Fe}\times(V_0-V_1)\times 8.00\times 1000}{V_{水样}}$$

六、思考题

(1) 在实验中为什么要做空白实验?其目的是什么?

(2) 用高锰酸钾法测定 COD,用 $KMnO_4$ 标准溶液滴定时,为什么要注意滴定速度?

(3) 用重铬酸钾法测定 COD 过程中加 H_2SO_4/Ag_2SO_4溶液目的是什么?

(4) 在配制硫代硫酸钠溶液中,为什么要加入无水碳酸钠?为什么溶液混合后要煮沸?

注释

[1]　滴定时溶液的总体积不得少于140 mL，否则酸度太高，滴定终点不明显。

[2]　如水样含Cl^-超过30 mg·L^{-1}时，应先取0.4 g $HgSO_4$加入回流锥形瓶中，再加25.00 mL水样，摇匀后再加$K_2Cr_2O_7$标准溶液、沸石和H_2SO_4/Ag_2SO_4溶液，混合均匀后加热回流。加$HgSO_4$的量根据水样中Cl^-的量确定，$HgSO_4$与Cl^-的质量比为10∶1。

[3]　试亚铁灵指示剂配制：1.485 g邻二氮菲和0.695 g $FeSO_4 \cdot 7H_2O$溶于100 mL蒸馏水中，贮存于棕色滴定瓶中。

[4]　取样后应迅速测定，如不能及时进行测定，需用硫酸调制pH<2加以保存。对于COD高的废水，取用量可以减少。如加热后溶液变成绿色，应再适当减少废水用量重做。

[5]　高锰酸钾被还原生成的Mn^{2+}具有催化作用。反应开始时因Mn^{2+}浓度小，反应速率慢，随着反应中Mn^{2+}浓度提高，可催化氧化还原反应的速度，所以滴定速度通常控制方法是先滴慢后加快。

[6]　H_2SO_4/Ag_2SO_4溶液：在强酸性介质中，Ag_2SO_4可催化加快$K_2Cr_2O_7$氧化水样中有机物的反应速度。

[7]　如实验时间有限，回流时间可缩短为0.5～1 h，主要是以学习和掌握该方法（重铬酸钾法）为目的。但回流时间缩短，测得结果一般视待测水样不同COD偏低至10%～40%。

[8]　在加热回流时，由于蒸发作用，冷凝管壁或多或少沾有被蒸发的残液。为提高测定结果的准确性，回流结束后，需用水冲洗冷凝管，使壁内残液被流入锥形瓶中。

实验四十一　2-甲基-2-丁醇的制备

醇是有机合成中应用最为广泛的一类物质，不但可用作溶剂，而且通过反应易转变成卤代烷、烯、醚、醛、酮、羧酸和羧酸酯等多种化合物，是重要的化工原料。

醇的制法很多，简单和常用的醇在工业上通常利用水煤气合成、淀粉发酵、烯烃水合及卤代烃水解等反应来制备。实验室制备方法，除了羰基化合物的还原和烯烃的硼氢化—氧化等方法外，主要是利用Grignard反应来合成制备各种结构复杂的醇。

一、实验目的

（1）通过2-甲基-2-丁醇的制备，加深对Grignard反应的理解；

（2）了解无水、无氧制备有机物的操作；

（3）熟练掌握回流技术，蒸馏技术，以及液态有机物的萃取、洗涤、干燥和分离技术。

二、实验原理

卤代烃和卤代芳烃与金属镁在乙醚中反应生成烃基卤化镁，称为Grignard试剂。

Grignard试剂的制备必须在无水条件下进行，所用仪器和试剂均需干燥，因为水的存在不仅会抑制反应的引发，而且会分解Grignard试剂，从而影响产率。Grignard试剂与水反应方程式如下：

$$RMgX + H_2O \longrightarrow RH + Mg(OH)X$$

此外，Grignard 试剂还能与氧、二氧化碳作用及发生偶联反应。为了减少偶联反应，可采取搅拌等方式控制卤代烃的滴加速度。

反应式为

$$2RMgX + O_2 \longrightarrow 2ROMgX$$

$$RMgX + CO_2 \longrightarrow RCOOMgX$$

$$RMgX + RX \longrightarrow R—R + MgX_2$$

所以，Grignard 试剂不宜较长时间保存。

乙醚在 Grignard 试剂制备中有着重要的作用。醚分子中氧上的非键电子可以和 Grignard 试剂中带部分正电荷的镁作用生成配合物：

```
Et    ••    Et
   \      /
      O
      ••
R ——  Mg —— X
      ••
      O
   /      \
Et    ••    Et
```

乙醚的溶剂化作用使有机镁化合物更稳定，并能溶解于乙醚。同时乙醚具有较高的蒸气压，作为溶剂可以排除反应器中大部分空气。

利用 Grignard 试剂制备 2-甲基-2-丁醇相关反应式：

$$CH_3CH_2Br + Mg \xrightarrow{\text{无水乙醚}} CH_3CH_2MgBr$$

$$H_3C—\underset{\underset{O}{\|}}{C}—CH_3 + CH_3CH_2MgBr \xrightarrow{\text{无水乙醚}} H_3CH_2C—\overset{\overset{CH_3}{|}}{\underset{\underset{CH_3}{|}}{C}}—OMgBr \xrightarrow[H^+]{H_2O} H_3CH_2C—\overset{\overset{CH_3}{|}}{\underset{\underset{OH}{|}}{C}}—CH_3$$

三、仪器与试剂

1. 仪器

三颈烧瓶，搅拌器，冷凝管，滴液漏斗，圆底烧瓶，干燥管，磁力加热搅拌器等。

2. 试剂

镁屑，溴乙烷，丙酮，无水乙醚，乙醚，10％硫酸溶液，5％碳酸钠溶液，无水碳酸钾等。

四、实验步骤

1. 格式试剂制备

如图 41.1 所示安装回流装置[1]。在 50 mL 三颈瓶内依次加入 0.6 g 镁屑（或除去氧化镁的镁条）、5 mL 无水乙醚及一小粒碘片[2]。在滴液漏斗中混合 2.7 mL 溴乙烷和 3 mL 无水乙醚，先向瓶内滴入约 1 mL 混合液，数分钟后即见溶液呈微沸状态，碘的颜色消失。若不发生反应，可用温水浴加热。反应开始比较剧烈，必要时可用冷水浴冷却[3]。待反应缓和后，自冷凝管上端加入 5 mL 无水乙醚[4]。磁力搅拌下滴入正溴乙烷和醚的混合液，控制滴加速度维持反应呈微沸状态[5]。滴加完毕，水浴回流20 min，使镁屑几乎作用完全。

2. 2-甲基-2-丁醇的制备

将上面制好的 Grignard 试剂在冰水浴冷却及搅拌下，自滴液漏斗中滴入 2 mL 丙酮和5 mL无水乙醚的混合液，控制滴加速度，勿使反应过于猛烈。加完后，室温下继续搅拌 15 min，溶液中有白色黏稠状固体析出。

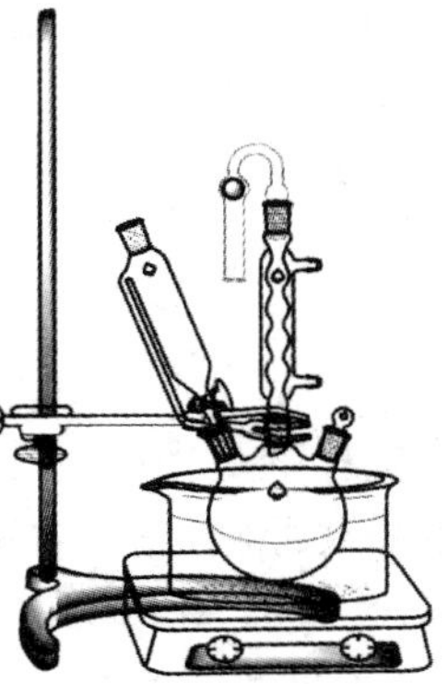

图 41.1　2-甲基-2-丁醇制备装置

3. 萃取、洗涤、干燥

将反应瓶在冰水浴冷却及搅拌下，自滴液漏斗分批加入 20 mL 10%硫酸溶液，分解产物（开始滴入宜慢，以后可逐渐加快）。待分解完全后，将溶液倒入分液漏斗中，分出醚层。水层每次用 5 mL 乙醚萃取两次，合并醚层，用 6 mL 5%碳酸钠溶液洗涤一次，用无水碳酸钾干燥[6]。

4. 蒸馏

将干燥后的粗产物醚溶液加入 25 mL 圆底烧瓶中，用水浴蒸去乙醚，再通过精馏蒸出产品，收集 95～105 ℃馏分，称重或量取体积，计算产率。

纯粹 2-甲基-2-丁醇的沸点为 102 ℃。

五、思考题

（1）Grignard 反应制备应注意哪些问题，为什么？

（2）减少偶联反应，应采取哪些措施？

（3）为什么本实验得到的粗产物不能用无水氯化钙干燥？

注释

[1]　该回流装置是在普通回流装置中增加了滴液漏斗和干燥器。滴液漏斗是将物料逐滴加入，对反应比较剧烈、放热很多的反应，可以避免由于一次加入反应失去控制。用滴液漏斗滴加物料时，滴液漏斗上口的小孔须和塞子的缺口对正，以便和大气相通。否则漏斗内的压力会随着滴加液的减小而减小，难以顺利滴加。若反应属于非均相反应，还需使用搅拌器进行搅拌，特别是当有固体参与反应或反应有固体产生时，有效的搅拌尤为重要。即使是均相反应，为避免局部过浓、过热而产生副反应，也需进行搅拌。本实验中所采用搅拌装置为磁力搅拌器。因 Grignard 试剂的制备必须在无水条件下进行，所以在冷凝管上增加了干燥装置。

[2]　加入少许碘粒是为了引发反应。

[3]　Grignard 反应是一个放热反应，故卤代烃的滴加速度不宜过快，必要时可用冷水冷却。当反应开始后，应调节滴加速度，使反应物保持微沸为宜。

[4]　因为醚的蒸气压较高，加入醚可以进一步排除反应器皿中的空气。

[5]　滴加溴乙烷的速度不能太快，否则反应过于剧烈不易控制，并会增加副产物正丁烷的生成。

[6] 粗产物的乙醚溶液要用无水碳酸钾干燥彻底，否则 2-甲基-2-丁醇与水形成共沸物，前馏分将大大增加，影响产量。

实验四十二 肉桂酸制备

肉桂酸是生产冠心病药物“心可安”的重要中间体，其酯类衍生物是配制香精和食品香料的重要原料，它在农用塑料和感光树脂等精细化工产品的生产中也有着广泛的应用。

一、实验目的

（1）了解由 Perkin 反应制备肉桂酸的原理和方法；

（2）学习水蒸气蒸馏的原理并掌握其实验装置及操作；

（3）掌握混合溶剂重结晶的原理及操作方法。

二、实验原理

芳香醛和酸酐在碱性催化剂作用下，可以发生类似羟醛缩合反应，生成 α,β-不饱和芳香酸，称为帕金(Perkin)反应。催化剂通常是相应酸酐的羧酸钠盐或钾盐，有时也可用碳酸钾或叔胺代替，典型的例子是肉桂酸的制备。

$$C_6H_5CHO + (CH_3CO)_2O \xrightarrow[170\sim180\ ^\circ C]{\text{无水}\ K_2CO_3} C_6H_5CH{=}CHCOOH + CH_3COOH$$

碱的作用是促使酸酐的烯醇化，生成醋酸酐碳负离子，接着碳负离子与芳香醛发生亲核加成，第三步是中间产物的氧酰基交换产生更稳定的 β-酰氧基丙酸负离子，再经 β-消去反应得肉桂酸盐，最后酸化得肉桂酸。用碳酸钾代替醋酸钾可缩短反应时间，提高产率。此外，若芳香环上有吸电子取代基，会使缩合反应容易进行；而给电子取代基则使反应难以进行甚至不反应。反应过程可表示如下：

$$(CH_3CO)_2O + K_2CO_3 \rightleftharpoons CH_3\overset{O}{\overset{\|}{C}}-O-\overset{O}{\overset{\|}{C}}-CH_2^-$$

$$\underset{\text{亲核反应}}{\overset{C_6H_5CHO}{\rightleftharpoons}} C_6H_5CH(O^-)CH_2C(=O)OC(=O)CH_3 \underset{\text{O-酰基交换}}{\rightleftharpoons} C_6H_5CH(OC(=O)CH_3)CH_2COO^-$$

$$\xrightarrow{\beta\text{-消去}} C_6H_5CH{=}CHCOO^- + CH_3COOH$$

肉桂酸在理论上存在顺反异构体，但 Perkin 反应只得到反式产物（熔点 133 ℃），顺式异构体（熔点 68 ℃）不稳定，在较高温度下易转变为热力学更稳定的反式异构体。

三、仪器与试剂

1. 仪器

圆底烧瓶，球形冷凝管，蒸馏头，接引管，接收器，抽滤装置，磁力加热搅拌器等。

2. 试剂

苯甲醛（新蒸），乙酸酐（新蒸），无水碳酸钾，10％氢氧化钠溶液，浓盐酸，刚果红试纸等。

四、实验步骤

(1) 如图 42.1 所示装好装置。在干燥[1]的 50 mL 三颈烧瓶中依次加入 2.2 g(0.016 mol)研细的无水碳酸钾、1.5 mL (0.015 mol)新蒸苯甲醛和 4 mL 新蒸乙酸酐[2]，摇匀，磁力搅拌下加热回流，保持反应液呈微沸状态，45 min 后停止加热[3]。

(2) 冷却反应混合物，加 20 mL 水浸泡几分钟，用玻璃棒轻轻捣碎瓶中的固体，进行水蒸气蒸馏[4]直至无油珠物蒸出为止。

(3) 将烧瓶冷却后，加入 20 mL 10％氢氧化钠水溶液，使生成的肉桂酸形成钠盐而溶解，再加入 20 mL 水，煮沸。溶液稍冷加入少量活性炭脱色，趁热过滤。

(4) 待滤液冷却至室温，在搅拌下，小心加入 10 mL 浓盐酸（在通风橱中操作）和 10 mL 水的混合液，至溶液呈酸性[5]从而使刚果红试纸变蓝。冷却析出晶体，抽滤，并用少量冷水洗涤，干燥得到粗品。

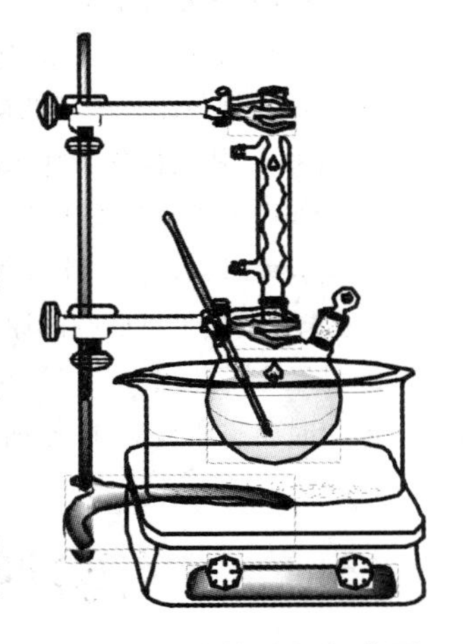

图 42.1　肉桂酸制备装置

(5) 用约 40 mL 乙醇-水混合液（水：乙醇体积比 3：1）进行重结晶，抽滤，晾干，称量，计算产率。

五、思考题

(1) 使用酸进行酸化时，能否用浓硫酸替代盐酸，为什么？

(2) 具有何种结构的醛能进行 Perkin 反应？

(3) 用水蒸气蒸馏除去什么？

注释

[1] 所用仪器必须充分干燥。因为乙酸酐遇水即水解成乙酸；无水碳酸钾也极易吸潮。

[2] 久放的苯甲醛由于被氧化而生成苯甲酸，这不但影响反应，而且苯甲酸混在产品中不易除干净，将影响产品的质量。

[3] 反应温度不易太高，以防苯甲醛被氧化；反应时间 45 min 即可，加热时间过长，肉桂酸脱羧成苯乙烯，进而生成苯乙烯低聚物。

[4] 水蒸气蒸馏操作是将水蒸气通入有机化合物中，使该有机化合物随水蒸气一起蒸馏出来，这是分离和提纯液态或固态有机化合物的方法之一。

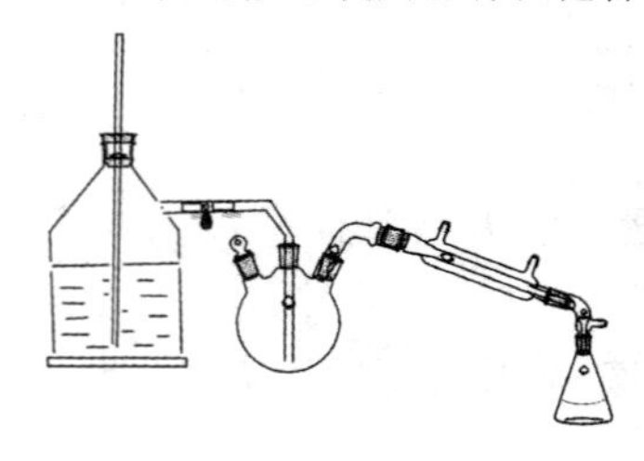

图 42.2 水蒸气蒸馏装置

水蒸气蒸馏装置一般包括水蒸气发生器、蒸馏部分、冷凝部分和接收四个部分组成(图 42.2)。常用在下列情况：①某些沸点高的有机化合物，在常压蒸馏虽可与副产品分离，但易将其破坏；②混合物中含有大量树脂状杂质或不挥发性杂质，采用蒸馏、萃取等方法都难于分离的；③从较多固体反应物中分离出被吸附的液体。

被提纯物质必须具备以下几个条件：①不溶或难溶于水；②共沸腾下与水不发生化学反应；③当有机物与水一起加热时，整个系统的蒸气压根据分压定律，应为各组分蒸气压之和，用式子表示：$P(总)=P(H_2O)+P(A)$，$P(A)$为与水不相溶有机物或难溶物的蒸气压。

当总蒸气压与大气压力相等时，液体沸腾。显然，混合物的沸点低于任何一个组分的沸点，即有机化合物可在比其沸点低得多的温度下安全地被蒸馏出来，即在低于 100 ℃的温度下随蒸气一起蒸馏出来，这样的操作叫作水蒸气蒸馏。

如没有水蒸气发生器也可用简易方法进行水蒸气蒸馏，即将水直接加入蒸馏瓶中(即反应液中)。本实验就是采取简易水蒸气蒸馏。当反应液加水沸腾时，苯甲醛伴随着水蒸气一同被蒸出，此反应中，苯甲醛是未反应完的原料必须除去。进行水蒸气蒸馏直至无油珠物蒸出为止，表明反应液中苯甲醛已经全部蒸出。

[5] 酸化时要呈明显酸性，使钠盐完全转化为肉桂酸。

实验四十三 微波合成苯甲酰肼

微波是指频率为 300 MHz～300 GHz 的电磁波。微波早期被人们认识并应用于军事通信领域，20 世纪 40 年代后逐渐应用于工业、农业、医疗、科研等各种领域。近十几年来，微波合成技术成为有机化学领域中的一个热点。在化学反应中，其特点是反应速度快，副反应少，产率高，环境友好，操作方便，产品易纯化。

微波加热不同于传统的加热方式。微波加热是将电磁能转变成热能，其能量是通过空间或介质以电磁波的形式来传递的，加热过程与物质内部分子的极化有着密切的关系。其频率与偶极子转向极化及界面极化的时间正好吻合。因此，介质在微波场中的加热也主要靠这两种极化方式来实现的，尽管微波辐射对化学反应的促进和加速已是不争的事实，但对其改善反应的机理还缺乏充分了解。一种观点认为微波对化学反应的加速主要归结于对极性有机物的选择性加热，即微波导致的热效应。此外，还存在一种非温度引起的非热效应观点，即认为微波加速化学反应，是改变了反应的动力学，降低了反应活化能，提高了反应速率。

苯甲酰肼衍生物常被作为有机合成的中间体，如苯甲酰脲、苯甲酰硫脲、酰腙等合成，同时，因其还具有良好的生物活性，因此，苯甲酰肼衍生物在农业、医药领域中也有着广泛的应用。

一、实验目的

（1）通过微波合成苯甲酰肼，了解新技术在有机合成中的作用；

（2）掌握微波合成操作方法，激发学生对实验的兴趣，拓宽学生视野；

（3）掌握酸的酯化、酯的肼解反应原理和方法。

二、实验原理

实验室中制备苯甲酰肼的方法：通常是以苯甲酸为原料，浓硫酸作催化剂，在甲醇（或乙醇）溶剂中进行酯化[1]，先制得苯甲酸甲（乙）酯，再由酯与水合肼反应，最后合成出白色、针状的苯甲酰肼晶体。本实验是以苯甲酸乙酯为原料，经过一步反应即可制得苯甲酰肼。

相关反应方程式为

$$C_6H_5\text{-}C(=O)\text{-}OH \xrightarrow{C_2H_5OH} C_6H_5\text{-}C(=O)\text{-}OC_2H_5$$

$$C_6H_5\text{-}C(=O)\text{-}OC_2H_5 \xrightarrow[\text{微波}]{80\%\ N_2H_4} C_6H_5\text{-}C(=O)\text{-}NHNH_2$$

该反应在实验室中用传统的加热回流合成，需要无水乙醇作溶剂，且回流需要 2～3 h，如改用微波合成需 2～3 min，其反应速率提高了 60 倍。

三、仪器与试剂

1. 仪器

微波反应器（1000 K），圆底烧瓶，冷凝管，接液管，锥形瓶等。

2. 试剂

苯甲酸乙酯，85%水合肼，无水乙醇等。

四、实验步骤

1. 有溶剂条件下的微波合成

分别加入 7 mL 苯甲酸乙酯、11 mL 85%水合肼和 15 mL 无水乙醇于 50 mL 圆底烧瓶中，放入微波反应器中（如图 43.1 所示），装上回流装置，在 60 ℃下辐射 2～3 min。辐射停止后，打开微波门，拆下冷凝管，取出反应器，冷却至室温，有白色粗产品析出。将粗产品用无水乙醇重结晶，抽滤得到白色针状纯品，晾干，称重，计算产率。

2. 无溶剂条件下的微波合成

分别加入 7 mL 苯甲酸乙酯、11 mL 85%水合肼于 25 mL 圆底烧瓶中，放入微波反应器中，装上回流装置，在 60 ℃下辐射 2～3 min。辐射停止后，打开微波门，拆下冷凝管，取出反应器，冷却至室温，有白色粗产品析出。将粗产品用无水乙醇重结晶，抽滤得白色针状纯品，晾干，称重，计算产率。

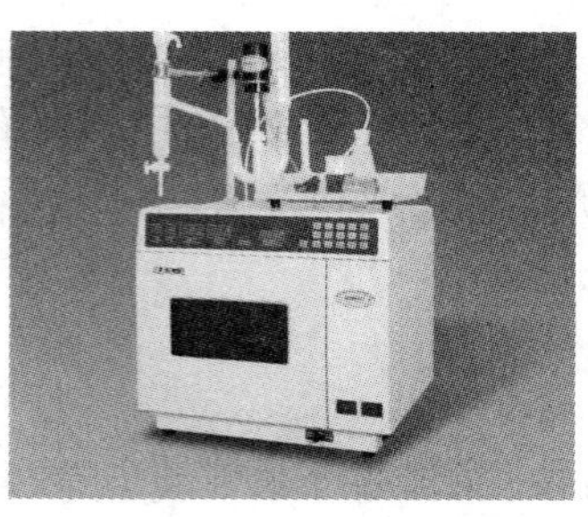

图 43.1　微波合成仪示意图

比较实验步骤 1 和步骤 2 的反应产率。

注释

［1］ 酯化反应常用乙醇，制得的酯大多是油状液体，需要用乙醚等溶剂进行萃取，产率不高。如用甲醇进行酯化，制备得到的甲酯往往是固体，易于分离，但甲醇有毒。

实验四十四　超声波合成乙酰二茂铁

二茂铁又名为二环戊烯铁，是一种新型的配合物——有机过渡金属配合物。它是由两个环戊二烯负离子与亚铁离子结合而成的，具有反常的稳定性，加热到 470 ℃以上才开始分解，可用作火箭燃料的添加剂、汽油的抗爆剂和紫外光吸收剂等。二茂铁具有类似夹心面包的夹层结构，即铁原子夹在两个环中间，依靠环中 π 电子成键，10 个碳原子等同地与中间的亚铁离子键合，后者的外电子层含有 18 个电子，达到惰性气体氪的电子结构，分子有一个对称中心，两个环是交错的（如图 44.1 所示）。二茂铁的发现与合成对传统的价键理论提出了挑战，它标志着有机金属化合物一个新领域的开始，许多过渡金属都能形成同类型的化合物。

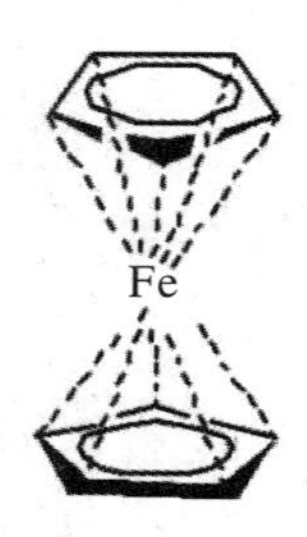

图 44.1　二茂铁结构示意图

近二三十年来，超声波技术应用于有机合成中发展得非常迅速，比传统的有机合成方法更方便和更易于操作，在超声波辐射下许多传统的反应可以在较温和的条件下进行，或者提高收率和缩短反应时间，甚至某些在传统条件下不能进行的反应也可以发生。这是因为超声波通过媒质（如水）在传播过程中能引起媒质分子间的剧烈摩擦和热量耗散，从而产生各种初级和次级的超声波效应，如超声波热效应、化学效应、空化效应及其他物理效应等。由于超声波的“空化”作用可造成反应体系活性的变化，产生足以引发化学反应的瞬时高温高压，形成了局部高能中心，促进化学反应的顺利进行，所以超声波技术作为一种物理催化手段之后，进入化学实验室，使有机合成反应的面貌大为改观。

一、实验目的

（1）通过乙酰二茂铁的制备，掌握超声波合成技术；
（2）巩固重结晶等操作技能。

二、实验原理

二茂铁具有类似苯的一些芳香性，比苯更容易发生亲电取代反应，如可发生 Friedel - Crafts 反应。由于二茂铁分子中存在亚铁离子，对氧化的敏感限制了它在合成中的应用，二茂铁的反应通常在隔绝空气的条件下进行。酰化时由于催化剂和反应条件不同，可得到乙酰二茂铁或 1,1′-二乙酰二茂铁。

反应式为

Fe $\xrightarrow[\text{磷酸}]{(CH_3CO)_2O}$ Fe（$COCH_3$） $\xrightarrow[\text{磷酸}]{(CH_3CO)_2O}$ Fe（$COCH_3$，H_3COC）

二茂铁　　乙酰二茂铁　　1,1′ -二乙酰基二茂铁

三、仪器与试剂

1. 仪器

变频式超声波清洗仪（1000 W，45 kHz/80 kHz），锥形瓶，薄膜，橡皮圈，烧杯，量筒，抽滤装置等。

2. 试剂

二茂铁，乙酸酐，85％磷酸，碳酸钠，石油醚（60～90 ℃），无水乙醚，苯，硅胶 G 板等。

四、实验步骤

1. 乙酰二茂铁的制备

取 1 g(0.0054 mol)二茂铁和 10 mL(0.1 mol)乙酸酐于 50 mL 干燥的锥形瓶[1]（50 mL）中，搅拌下缓慢加入 2 mL 85％的磷酸。加料完毕后，将锥形瓶瓶口用薄膜封口，置于频率为 80 kHz、温度为 50 ℃的超声波清洗仪中（图 44.2），超声振动20 min。

2. 乙酰二茂铁纯化

超声结束后，将反应混合物倾入含 20 g 碎冰的 400 mL 中，搅拌下分批小心加入固体碳酸钠[2]，至溶液呈中性（无明显 CO_2气体溢出）。将中和后的反应混合物置于冰浴中冷却 15 min，至固体完全析出。抽滤，用 20 mL 冰水洗 3 次，得到橙黄色固体粗产物。用石油醚（60

～90 ℃)重结晶纯化,晾干、称重、计算产率。

纯二茂铁的熔点为 84～86 ℃。

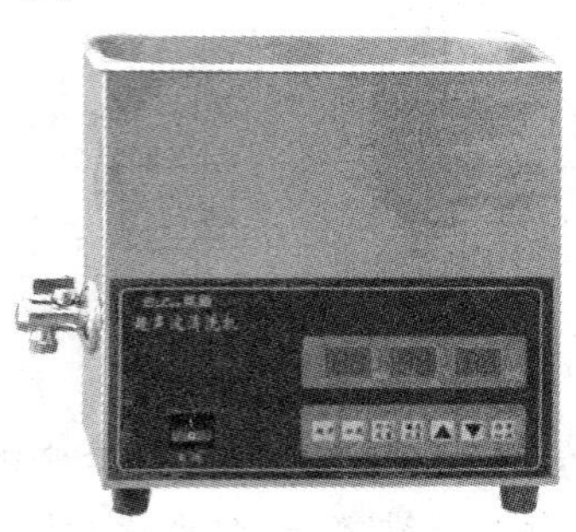

图 44.2 超声波清洗仪

3. 乙酰二茂铁的薄层色谱

取少许纯化后的产物溶于苯,在硅胶 G 板上点样,用体积比 1∶30 的乙醇—苯作展开剂。层析板从上到下出现黄色、橙色和橙红色三个点,分别代表二茂铁、乙酰二茂铁和 1,1′-二乙酰二茂铁,测定其 R_f值。

五、思考题

(1) 二茂铁酰化时形成二酰基二茂铁时,第二个酰基为何不能进入第一个酰基所在的环上?

(2) 二茂铁比苯更容易发生亲电取代,为何不能用混酸进行硝化?

注释

[1] 该反应需在无水条件下操作,所以反应器皿要干燥。

[2] 碳酸钠中和粗产物会逸出大量的 CO_2,而出现鼓泡现象,所以加碳酸钠时须在搅拌下少量多次加入。

实验四十五 苯乙酮的合成

苯乙酮,又称乙酰苯,是最简单的芳香酮,其中芳环与羰基直接相连。自然界的芳香酮常以游离态存在于一些植物的香精油中,纯品为无色晶体,市售商品多为黄色油状液体,微溶于水,易溶于多种有机试剂,能与蒸气一同挥发,主要用作制药和有机合成的原料,也用于配置香料,此外还具有催眠性能。

傅克(Friedel - Crafts)酰基化反应是制备芳香酮最重要和最常见的方法之一[1]。可用 $FeCl_3$、$SnCl_4$、BF_3、$ZnCl_2$、$AlCl_3$等路易斯酸(Lewis)作催化剂,催化性能以无水 $AlCl_3$和无水 $AlBr_3$为最佳;醋酸酐、酰氯是常用的酰化试剂,由于酸酐比酰氯原料易得,纯度高,操作方便,无明显的副反应或有害气体放出,反应平稳且产率高,生产的芳酮容易提纯,实验室制备苯乙酮一般用醋酸酐而不用酰氯。酰基化反应常用的反应溶剂一般为液态芳烃、二硫化碳、硝基苯、二氯甲烷等。

一、实验目的

（1）掌握利用傅克（Friedel－Crafts）酰基化制备芳香酮的原理和方法；

（2）理解特殊回流装置的作用，掌握无水操作、反应中有害尾气处理方法和操作。

二、实验原理

$$C_6H_6 + (CH_3CO)_2O \xrightarrow{AlCl_3} C_6H_5\text{—}COCH_3 + CH_3COOH$$

反应机理如下：

$$(RCO)_2O + 2AlCl_3 \longrightarrow [RCO]^+[AlCl_4]^- + RCO_2AlCl_2$$

$$C_6H_6 + [RCO]^+ \longrightarrow [C_6H_6(COR)]^+ \longrightarrow C_6H_5COR + H^+$$

$$[AlCl_4]^- + H^+ \longrightarrow AlCl_3 + HCl$$

三、仪器与试剂

1. 仪器

三颈烧瓶，恒压滴液漏斗，蒸馏头，冷凝管，分液漏斗，抽滤装置，磁力加热搅拌器等。

2. 试剂

乙酸酐，苯，无水三氯化铝，浓盐酸，5％氢氧化钠溶液，无水硫酸镁等。

四、实验步骤

（1）如图 45.1 所示安装回流装置[2]。分别在三颈瓶中安装冷凝管、滴液漏斗和玻璃塞，冷凝管上端安装一干燥管，干燥管与氯化氢气体吸收装置相连。

（2）迅速称取[3]7 g 经研细的无水三氯化铝于三颈瓶中，再加入 8 mL 无水苯，用塞子塞住瓶口，自滴液漏斗慢慢滴加 2 mL 乙酸酐，控制滴加速度勿使反应过于激烈，以三颈瓶稍热为宜（10～15 min 滴加完）[4]。加完后，在沸水浴上回流 15～20 min，直至不再有氯化氢气体逸出为止。

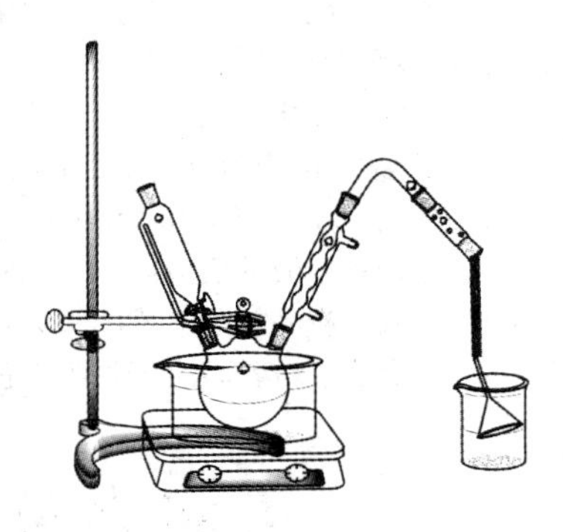

图 45.1　苯乙酮制备装置

（3）反应停止后，将反应物冷却至室温，搅拌下倒入盛有 9 mL 浓盐酸和 20 g 碎冰的烧杯中进行分解[5]（在通风橱进行）。当固体完全溶解后，将混合物转入分液漏斗，分出有机层；水层用苯萃取两次（每次 4

mL)，收集合并有机层。有机层依次用等体积的5%氢氧化钠溶液、水各洗涤一次，再用无水硫酸镁干燥。

(4) 将干燥后的粗产物先在水浴上蒸去苯，残留的苯直接在电热套上蒸馏除去。当温度上升至140℃左右时，停止加热，稍冷却后直接连上接引管[6]，收集198～202 ℃馏分[7]。

五、思考题

(1) 在操作中应注意哪些事项？为什么要迅速称取无水三氯化铝？

(2) 反应完成后为什么要加入浓盐酸和冰水的混合液？

(3) 在烷基化和酰基化反应中，三氯化铝的用量有何不同？为什么？

注释

[1] 傅克(Friedel - Crafts)反应就是向苯环上引入烷基和酰基最重要的方法，在合成上具有很大的实用价值。傅克(Friedel - Crafts)反应烃基化，是指芳烃在 Lewis 酸催化下的烃化反应。

$$ArH + RX \xrightarrow{AlCl_3} ArR + HX$$

烃化反应机理：

$$RX + AlCl_3 \rightleftharpoons R^+[AlCl_3X]^- \rightleftharpoons R^+ + [AlCl_3X]^-$$

$$C_6H_6 + R^+ \rightleftharpoons [C_6H_6R]^+ \rightleftharpoons C_6H_5R + H^+$$

$$[AlCl_3X]^- + H^+ \rightleftharpoons AlCl_3 + HX$$

在傅克(Friedel - Crafts)反应中，无论酰化或烃化反应，催化剂的作用是协助产生亲电试剂——碳正离子。由于三氯化铝反应后又重新产生，故催化剂用量为0.1 mol。但在酰基化反应中，情况有所不同。这是由于无水三氯化铝可以与羰基化合物形成稳定的配合物，因而仅用催化剂量的无水三氯化铝是不够的。如以酸酐作酰基化试剂为例，酸酐在反应中生成乙酸，乙酸和酰基化产物芳酮一样，都需要消耗等摩尔量的三氯化铝，以形成配合物：

$$(RCO)_2O + 2AlCl_3 \longrightarrow [RCO]^+[AlCl_4]^- + RCO_2AlCl_2$$

所以1 mol的酸酐至少需要2 mol的三氯化铝，在实际制备中，通常还要过量10%。烷基化反应，$AlCl_3/RX$(摩尔比)＝0.1；酰基化反应 $AlCl_3/RCOCl$＝1.1，$AlCl_3/Ac_2O$＝2.2。

[2] 所用的仪器和试剂需充分干燥，否则影响反应顺利进行。由于反应激烈，醋酸酐在滴加时要慢，所以选用滴液漏斗。因反应过程中会产生氯化氢气体，所以在干燥管下方连接一尾气吸收装置(NaOH 溶液)用于吸收氯化氢气体。

[3] 无水三氯化铝质量是本实验成功的关键，三氯化铝易潮解，研细、称量及投料均要迅速。

[4] 苯乙酮与三氯化铝生成配合物在无水中稳定，在酸性介质中，苯乙酮与三氯化铝配合物因发生水解而分解。

[5] 傅克(Friedel-Crafts)反应是一个放热反应，通常是将酰基化试剂配成溶液后慢慢滴加到盛有芳香族化合物溶液的反应瓶中，并需密切注意反应温度的变化。

[6] 为减少产品黏附造成的损失，可省去空气冷凝管直接与接引管相连。

[7] 再次蒸馏(精馏)后产物为无色透明液体。纯苯乙酮的沸点为202.0 ℃，熔点为20.5 ℃。

实验四十六　安息香的辅酶合成

安息香又名叫苯偶姻，化学名称为二苯基羟乙酮。安息香在有机合成中常常被用作中间体，它既可以被氧化成 α-二酮，又可以在各种条件下被还原成二醇、烯、酮等各种类型的产物，作为双官能团化合物可以发生许多反应。

早期制备安息香使用的催化剂是氰化钠（钾），在氰化钠（钾）催化作用下，苯甲醛发生分子间的缩合反应生成二苯羟乙酮即安息香，该反应也称为安息香缩合反应。

反应式为

$$2C_6H_5CHO \xrightarrow[95\%C_2H_5OH]{CN^-} C_6H_5-\underset{}{\overset{OH}{\overset{|}{CH}}}-\overset{O}{\overset{\|}{C}}-C_6H_5$$

这是一个碳负离子对羰基的亲核加成反应，CN^- 是反应的催化剂，反应机理如下：

$$C_6H_5-\overset{O}{\overset{\|}{C}}-H + CN^- \rightleftharpoons C_6H_5-\overset{O^-}{\overset{|}{\underset{CN}{\underset{|}{C}}}}-H \rightleftharpoons C_6H_5-\overset{OH}{\overset{|}{\underset{CN}{\underset{|}{C^-}}}} \xrightleftharpoons{C_6H_5CHO}$$

$$C_6H_5-\overset{OH}{\overset{|}{\underset{CN}{\underset{|}{C}}}}-\overset{O^-}{\overset{|}{\underset{H}{\underset{|}{C}}}}-C_6H_5 \rightleftharpoons C_6H_5-\overset{O^-}{\overset{|}{\underset{CN}{\underset{|}{C}}}}-\overset{OH}{\overset{|}{\underset{H}{\underset{|}{C}}}}-C_6H_5 \longrightarrow C_6H_5-\overset{O}{\overset{\|}{C}}-\overset{OH}{\overset{|}{CH}}-C_6H_5 + CN^-$$

决定速率的步骤是碳负离子对羰基的加成，接着是快速质子转移，最后是 CN^- 快速离去，即氰醇的反转而得到产物二苯羟基酮，又称为苯偶姻。

CN^- 是高度选择性的催化剂，不仅是一个良好的亲核体，又是一个良好的离去基团，而且由于它的吸电子能力，当苯甲醛与 CN^- 生成加成物中 C—H 键的酸性增强而促使碳负离子的进一步生成，氰基又可以通过离域化稳定碳负离子。

但因氰化钠（钾）毒性大，使用不安全，为此，人们用维生素 B_1（VB_1）替代氰化物。实验结果表明：维生素 B_1（VB_1）作催化剂，不仅价廉易得，操作安全，其催化效果不亚于氰化物。

VB_1 又称硫胺素（结构式如下），是一种生物辅酶，作为生物化学反应的催化剂，在生命过程中起着重要作用。

[嘧啶环（NH_2，H_3C 取代）$-CH_2-N^+$ 噻唑环（CH_3，CH_2CH_2OH 取代）] $Cl^- \cdot HCl$

嘧啶环　　噻唑环

一、实验目的

（1）了解 VB_1 的催化原理；

（2）掌握 VB_1 催化制备安息香的方法（传统法、超声波合成法）；

（3）巩固有机物制备中低温操作、回流、重结晶等操作。

二、实验原理

以苯甲醛为原料，95％乙醇作溶剂，碱性环境中，在 VB_1 催化作用下，苯甲醛分子间发生缩合反应生成二苯羟乙酮（安息香）。反应式为

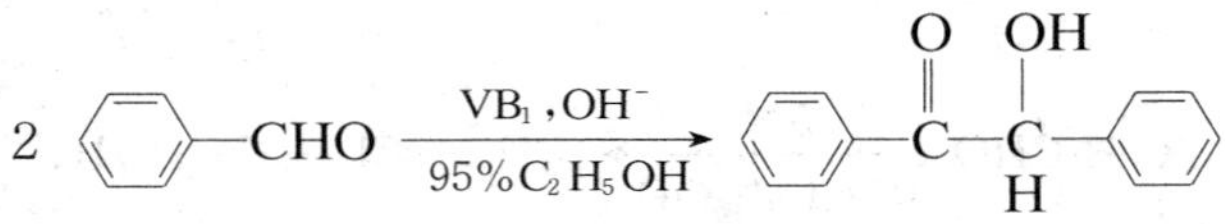

$$2\ C_6H_5-CHO \xrightarrow[95\%C_2H_5OH]{VB_1,OH^-} C_6H_5-\overset{O}{\overset{\|}{C}}-\underset{H}{\overset{OH}{\overset{|}{C}}}-C_6H_5$$

用 VB_1 替代氰化物作催化剂，实际上是 VB_1 分子中的噻唑环发挥了重要作用。噻唑环 C_2 上的质子由于受到氮和硫原子的影响，具有明显的酸性，在碱的作用下，质子容易被除去，产生碳负离子形成了苯偶姻（α-羟基苯乙酮）。反应机理如下：

（1）在碱的作用下产生碳负离子。

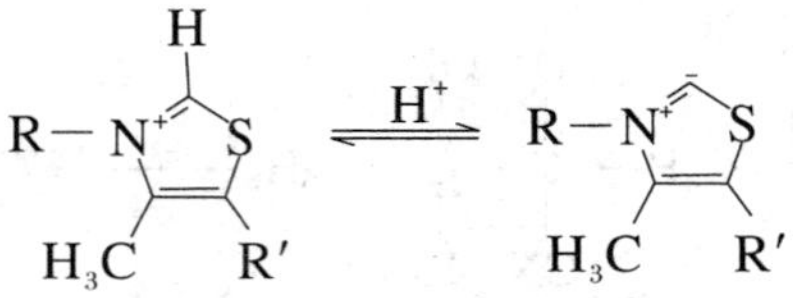

（2）碳负离子与苯甲醛发生亲核加成反应形成烯醇加合物。

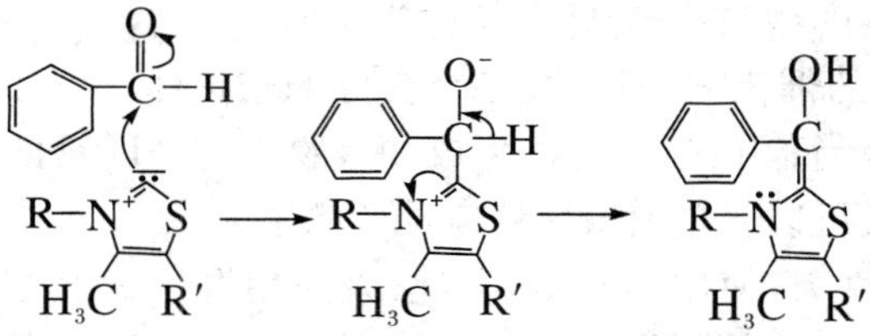

（3）烯醇加合物再与苯甲醛作用形成新的辅酶加合物。

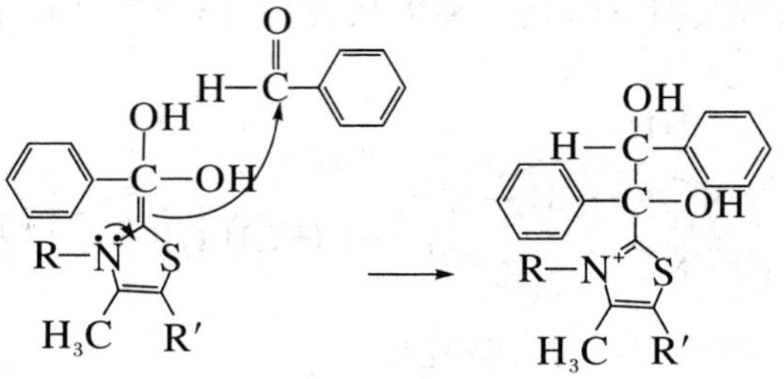

（4）辅酶加合物离解成安息香，辅酶还原。

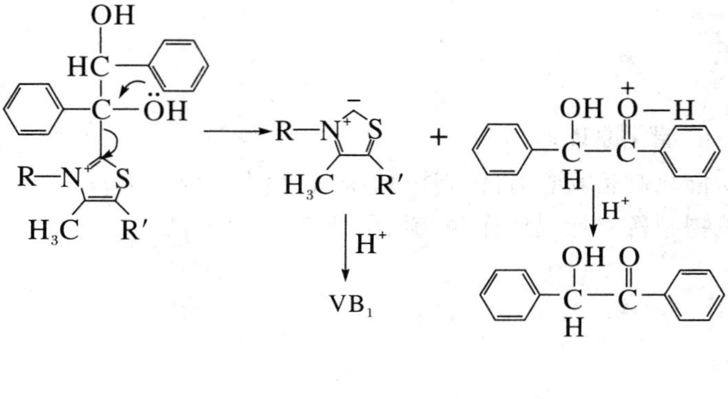

三、仪器与试剂

1. 仪器

圆底烧瓶，锥形瓶，冷凝管，抽滤装置，超声波清洗仪等。

2. 试剂

维生素 B_1，苯甲醛（新蒸），95%乙醇，10%氢氧化钠等。

四、实验步骤

1. 传统法合成

（1）在 50 mL 烧杯中，分别加入 1.75 g（0.005 mol）VB_1[1]、3.5 mL 水和 15 mL 95%乙醇，搅拌下使 VB_1 完全溶解，并在其中缓慢滴入已冰透的 5 mL 10%氢氧化钠溶液[2]（事先配好并置于冰浴中待用，约需 10 min 加完），调节溶液的 pH=9～10[3]，此时溶液呈浅黄色。

（2）移去冰水浴，加入 10 mL 新蒸苯甲醛[4]，充分摇匀再转移到 50 mL 圆底烧瓶中，控制溶液的 pH=8～9（如溶液浑浊，可加适量乙醇溶液使其变澄清）。水浴（70～75 ℃）加热回流 1.5 h（切勿沸腾），此时溶液颜色呈橙黄色，停止加热。

（3）趁热将混合物从圆底烧瓶中倒入烧杯中，立即有黄色固体析出，充分冷却使固体完全析出。抽滤，分别用 20 mL 冷水洗涤 2 次，得到浅黄色的粗产品，粗产物用 95%乙醇重结晶[5]得到白色针状晶体。抽滤、晾干、称重、计算产率，待用[6]。

2. 超声波合成

（1）在 50 mL 锥形瓶中，分别加入 1.75 g（0.005 mol）VB_1[1]、3.5 mL 水和 15 mL 95%乙醇，搅拌下使 VB_1 完全溶解，并在其中缓慢滴入已冰透的 5 mL 10%氢氧化钠溶液[2]（事先配好并置于冰浴中待用，约需 10 min 加完），控制溶液 pH=9～10，溶液呈浅黄色。

（2）移走冰浴，再加入 10 mL（0.1 mol）新蒸苯甲醛[3]，充分摇匀，溶液颜色略加深，用薄膜封口置于 80 kHz、60 ℃的超声波清洗仪（图 46.2）中，超声振动 50 min。

（3）超声结束后，粗产物同上处理、纯化，晾干、称量、计算产率并与传统实验室合成进行比较。

纯粹安息香为白色针状晶体，熔点为 137 ℃。

五、思考题

（1）NaOH 溶液在反应前为什么要在冰水浴中冷透？

（2）反应体系中 pH 值要保持 9～10，为什么？pH 值过低会有什么结果？

（3）比较传统加热回流法与超声波制备产品的颜色与产率。

注释

[1]　VB_1 具有还原性，在空气中易吸潮，易被氧化。尤其是在碱性介质中更不稳定，不仅易被氧化失效，同

时在光线及铜、铁、锰等金属离子存在时，也可加速氧化失效。故 VB_1 一般是放在棕色瓶中密封保存，且放在干燥、避光暗处保管。

[2] VB_1 的噻唑环在碱性、受热条件下易开环失效。用氢氧化钠溶液制备碳负离子时，氢氧化钠溶液应放在冰水浴中充分冷透，同时滴加氢氧化钠溶液时，滴加速度不宜过快，避免噻唑环因碱性过大、温度提高而开环失效。

[3] VB_1 在碱性介质(一般 pH＝9～10)中可以产生碳负离子，碳负离子的生成有利于亲核加成反应。

[4] 苯甲醛纯品是浅黄色透明液体，极易被空气中的氧所氧化，如发现实验中所使用的苯甲醛有固体即苯甲酸存在或颜色较深(棕色不透明)，则必须重新蒸馏后使用。

[5] 安息香在沸腾的 95％乙醇中溶解度为 12～14 g/100 mL。

[6] 所得产品为制备二苯乙二酮(实验四十七)的原料。

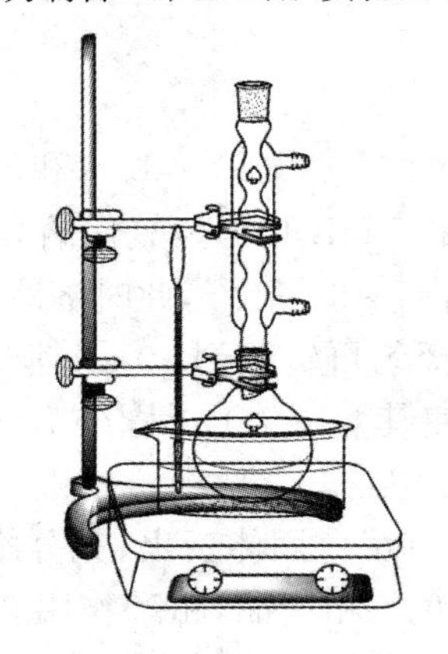

图 46.1　安息香制备装置

图 46.2　超声波清洗仪

实验四十七　由安息香制备二苯乙二酮

安息香可以被温和的氧化剂三氯化铁氧化成二苯乙二酮，生成的副产物容易分离。

安息香也可以被浓硝酸或醋酸铜氧化生成二苯乙二酮。但使用硝酸作氧化剂，反应中生成的红棕色二氧化氮不仅刺鼻难闻，一旦被人吸入会对呼吸道及肺组织将产生强烈的刺激和腐蚀作用。大量二氧化氮被释放在大气中，将对环境会产生极大的污染。如使用醋酸铜作氧化剂，反应速度慢，耗时长，其产率也不及三氯化铁。故本实验选用三氯化铁作氧化剂。

一、实验目的

(1) 掌握二苯乙二酮制备的原理和方法；

(2) 通过多步合成方法，认识有机合成的重要性；

(3) 巩固回流、重结晶等操作。

二、实验原理

以安息香(自制)为原料,在酸性介质中,用三氯化铁作氧化剂制备二苯乙二酮。反应式为

$$C_6H_5-\overset{O}{\overset{\|}{C}}-\underset{H}{\overset{OH}{\overset{|}{\underset{|}{C}}}}-C_6H_5 \xrightarrow[HAc]{Fe^{3+}} C_6H_5-\overset{O}{\overset{\|}{C}}-\overset{O}{\overset{\|}{C}}-C_6H_5$$

三、仪器与试剂

1. 仪器

三颈烧瓶,冷凝管,烧杯,搅拌棒,抽滤装置,磁力加热搅拌器等。

2. 试剂

安息香(自制),三氯化铁晶体,冰醋酸,95%乙醇等。

四、实验步骤

(1) 在 50 mL 三口瓶中依次加入 10 mL 冰乙酸、5 mL 水、9.00 g $FeCl_3 \cdot 6H_2O$(34 mmol)[1]和磁子,装上回流冷凝管(图 47.1),缓慢加热至沸腾。停止加热,待沸腾平息后,在三口瓶侧口处加入 2.1 g 安息香(0.01 moL),磁力搅拌[2]下加热回流。

(2) 回流 1 h 后加入 20 mL 水,煮沸后停止加热。

(3) 反应液冷却至室温,有淡黄色固体析出,冷却后抽滤、洗涤得粗产物,用 70%乙醇(10～15 mL)重结晶得纯品[3]。晾干、称重、计算产率,待用[4]。

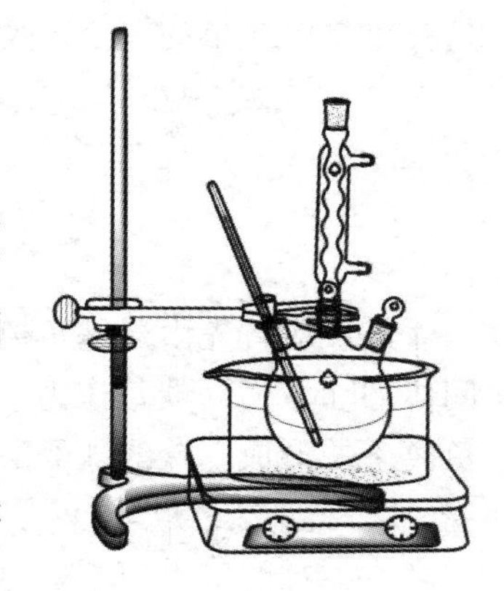

图 47.1　二苯乙二酮制备装置

五、思考题

(1) 在制备二苯乙二酮时,可选用哪些氧化剂?比较这些氧化剂的优点和缺点?

(2) 实验中加入冰醋酸的作用是什么?

注释

[1]　使用前可将 $FeCl_3 \cdot 6H_2O$ 固体研磨成粉末,也可用无水 $FeCl_3$。

[2]　如用电热套或酒精灯加热,回流过程中应不断搅拌,使反应更加充分。

[3]　二苯乙二酮为淡黄色晶体,熔点 94～95 ℃,易溶于乙醇、乙醚等有机溶剂,不溶于水。

[4]　本实验产品是制备二苯乙醇酸(实验四十八)和苯妥英(实验四十九)的原料。

实验四十八　由二苯乙二酮制备二苯乙醇酸

一、实验目的

(1) 了解以二苯乙二酮为中间体的多步合成的意义；

(2) 学习二苯乙醇酸制备的方法；

(3) 巩固回流、重结晶等操作。

二、实验原理

二苯乙二酮是一个不能烯醇化的 α-二酮，当用碱处理时会发生碳骨架的重排，二苯乙二酮与氢氧化钾溶液回流，生成二苯乙醇酸盐，经酸化后得到二苯乙醇酸。由于二苯乙醇酸是这类重排中最早的一个产物实例，故将此种类型重排称为二苯乙醇酸重排。

$$C_6H_5-\overset{O}{\overset{\|}{C}}-\overset{O}{\overset{\|}{C}}-C_6H_5 \xrightarrow[95\%C_2H_5OH]{KOH} (C_6H_5)_2\overset{OH}{\overset{|}{C}}-\overset{O}{\overset{\|}{C}}-OK \xrightarrow{H^+} (C_6H_5)_2\overset{OH}{\overset{|}{C}}-\overset{O}{\overset{\|}{C}}-OH$$

此反应首先由羟基负离子向二苯乙二酮分子中的一个羰基进行亲核加成，形成活性中间体，此时，另一羰基作为亲电中心，苯基负离子进行迁移重排，而反应的动力是稳定的羧基负离子的形成。羧酸盐经酸化后即产生二苯乙醇酸。反应机理如下：

$$C_6H_5-\overset{O}{\overset{\|}{C}}-\overset{O}{\overset{\|}{C}}-C_6H_5 \xrightarrow{OH^-} C_6H_5-\overset{O}{\overset{\|}{C}}-\overset{O^-}{\overset{|}{\underset{C_6H_5}{\underset{|}{C}}}}-OH \xrightarrow{H^+} (C_6H_5)_2\overset{OH}{\overset{|}{C}}-\overset{O}{\overset{\|}{C}}-O^-$$

这一重排反应可普遍用于芳香族 α-二酮转化为芳香族 α-羟基酸，某些脂肪族 α-二酮也可发生类似的反应。二苯乙醇酸也可直接由安息香与碱性溴酸钠溶液一步反应来制备，得到高纯度的产物。

三、仪器与试剂

1. 仪器

圆底烧瓶，球形冷凝管，磁力加热搅拌器，抽滤装置等。

2. 试剂

二苯乙二酮(自制)，氢氧化钾，95％乙醇，浓盐酸，甲基硅油等。

四、实验步骤

(1) 在 50 mL 圆底烧瓶中加入 1.3 g 二苯乙二酮(自制)和 5 mL 95%乙醇,温热使固体溶解。在振摇下滴加冷的氢氧化钾溶液(事先在锥形瓶中将 1.3 g 氢氧化钾溶于 3 mL 水中,冷至室温后待用)。混合均匀后,加入磁子,装上冷凝管,在 80~90 ℃油浴上加热回流(如图 49.1 所示),至开始的蓝紫色变成棕色为止(25~30 min)。冷却充分(约 0.5 h)至有固体析出,加 35 mL 水溶解,过滤弃去不溶物。

(2) 在滤液中滴加 5%盐酸(3 mL 浓盐酸加 17 mL 水)酸化至刚果红试纸变蓝(pH=2),有大量白色二苯乙醇酸晶体析出。

(3) 冰浴冷却充分使结晶完全,抽滤,用少量水洗涤,用水重结晶(如颜色黄可加少许活性炭脱色)得纯品。晾干,称重,计算产率。

二苯乙醇酸为无色晶体,纯品熔点为 148~149 ℃。

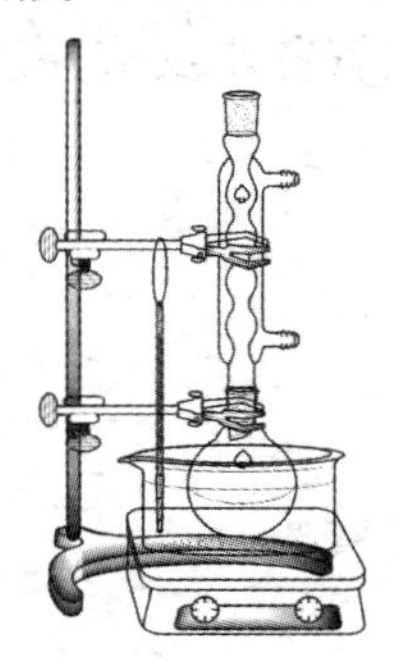

图 49.1 二苯乙醇酸制备装置

五、思考题

(1) 如果二苯乙二酮用甲醇钠在甲醇溶液中处理,经酸化后应得到什么产物?写出产物的结构式和反应机理。

(2) 如何由相应的原料经二苯乙醇酸重排合成下列化合物。

① $(C_4H_3O)_2C(OH)-COOH$ ② $(H_3CO-C_6H_4)_2C(OH)-COOH$

③ HO COOH

④ $HOOCH_2C-C(OH)(CH_2COOH)-COOH$

实验四十九　由二苯乙二酮制备苯妥英

苯妥英化学名称为5,5′-二苯基乙内酰脲，又称5,5′-二苯基-2,4-咪唑二酮，商品名为大仑丁(dilanlin)，是一种被严格管理的抗癫痫药物。

通常制备分三步进行：第一步由苯甲醛在辅酶 VB_1 催化下得到安息香；第二步由安息香被氧化制备得到二苯乙二酮；第三步再由二苯乙二酮和尿素在碱催化下制备得到5,5′-二苯基乙内酰脲，即苯妥英。

一、实验目的

(1) 学习掌握由二苯乙二酮制备苯妥英的原理、方法；

(2) 通过多步合成，使学生能够理解各步反应原理、合成条件选择，熟练运用有机合成基本技能。

二、仪器与试剂

1. 仪器

圆底烧瓶，烧杯，冷凝管，重结晶装置等。

2. 试剂

二苯乙二酮(自制)，尿素，氢氧化钾，乙醇，10%盐酸等。

三、实验原理

反应式为

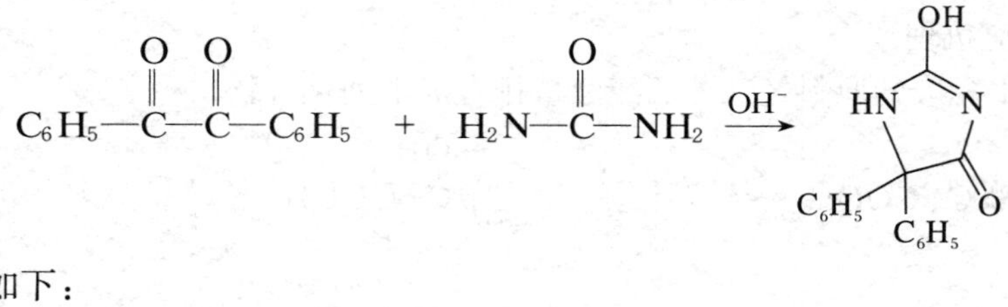

$$C_6H_5-\overset{\overset{\displaystyle O}{\|}}{C}-\overset{\overset{\displaystyle O}{\|}}{C}-C_6H_5 + H_2N-\overset{\overset{\displaystyle O}{\|}}{C}-NH_2 \xrightarrow{OH^-} \text{(HN, N, OH, O, } C_6H_5\text{, } C_6H_5\text{ 五元环产物)}$$

反应机理如下：

$$C_6H_5-\overset{O}{\overset{\|}{C}}-\overset{O}{\overset{\|}{C}}-C_6H_5 + H_2\ddot{N}-\overset{O}{\overset{\|}{C}}-NH_2 \longrightarrow C_6H_5-\overset{O}{\overset{\|}{C}}-\underset{C_6H_5}{\overset{O^-}{C}}-\overset{+}{N}H_2-\overset{O}{\overset{\|}{C}}-NH_2 \xrightarrow{OH^-}$$

$$C_6H_5-\overset{O}{\overset{\|}{C}}-\underset{C_6H_5}{\overset{O^-}{C}}-NH-\overset{O}{\overset{\|}{C}}-NH_2 \xrightarrow{重排} C_6H_5-\underset{C_6H_5}{\overset{O^-}{C}}-\overset{O}{\overset{\|}{C}}-NH-\overset{O}{\overset{\|}{C}}-NH_2 \xrightarrow{H_2O}$$

$$H_2N-CO-NH-CO-C(OH)(C_6H_5)_2 \xrightarrow{脱水} \text{5,5-}(C_6H_5)_2\text{-咪唑烷-2,4-二酮 (HN, NH, O)} \xrightarrow{互变异构} \text{2-OH, HN, N, 4-O, 5,5-}(C_6H_5)_2$$

四、实验步骤

(1) 在 50 mL 圆底烧瓶中依次加入 1 g(0.00048 mol)二苯乙二酮(自制)、0.48 g(0.008 mol)尿素和 25 mL 95%乙醇，充分振摇使固体溶解。在溶解后的反应混合物中加入 2.8 mL 浓度为 9.4 mol·L^{-1}的氢氧化钾溶液(1.5 g KOH 溶于 2.8 mL 水中)，加热摇振后，安装冷凝管，油浴加热回流 1.5～2 h[1](如图 49.1 所示)。

(2) 反应结束后，冷却，将反应混合物倒入盛有 50 mL 水的烧杯中充分混合，在搅拌下滴加 15 mL 盐酸溶液[2]至反应混合液 pH 值为 4～5。

(3) 酸化后有白色产物沉淀析出，冰浴冷却使沉淀完全，抽滤，水洗得到苯妥英(5,5′-二苯基乙内酰脲)粗产物。粗产物用 95%乙醇重结晶，晾干、称重、计算产率。

纯粹 5,5′-二苯基乙内酰脲的熔点为 295～298 ℃。

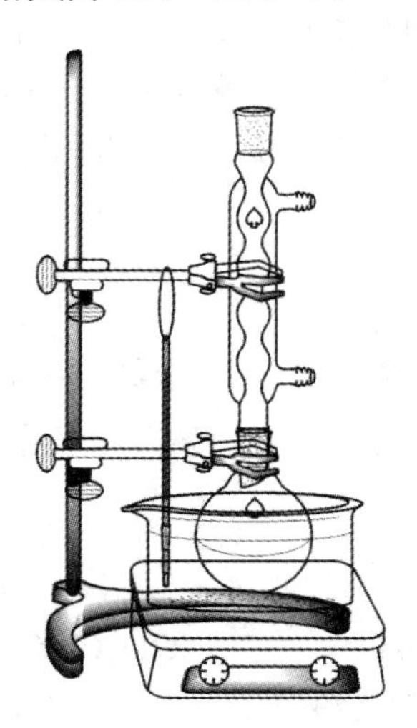

图 49.1　苯妥英制备装置

五、思考题

(1) 反应后为何要用盐酸进行酸化？写出酸化时的反应式。

(2) 巴比妥是一个曾经被用来治疗失眠的镇静药，如何用丙二酸酯和尿素进行制备？用反应式表示制备过程。

注释

[1] 原料加样后，也可在实验柜中放置一周代替回流加热。

[2] 回流或放置后反应混合液中如有沉淀物，需将沉淀物抽滤，在滤液中进行酸化等操作；如未出现沉淀，可省去此步操作。

实验五十　植物生长调节剂 2,4-二氯苯氧乙酸制备

随着科学的发展和农业生产的需要，运用植物生长调节剂对植物进行化学调控已经成为农业生产的重要措施之一。

植物生长调节剂是在任何浓度条件下能影响植物生长和发育的一类化合物，包括肌体内产生的天然化合物和来自外界环境的一些天然产物，人类已经合成了一些与生长调节剂功能相似的化合物，通常包括内息转移的调节剂，如 2,4-二氯苯氧乙酸(2,4-D)就是一种有效的除草剂。

一、实验目的

(1) 理解苯氧乙酸、对氯苯氧乙酸以及 2,4-二氯苯氧乙酸制备原理；

(2) 通过多步合成反应，掌握植物生长调节剂——2,4-二氯苯氧乙酸制备方法；

(3) 巩固回流、重结晶等多种化学技能的综合应用。

二、实验原理

本实验首先由苯酚钠和氯乙酸通过 Williamson 合成法制备得到苯氧乙酸，再由苯氧乙酸通过氯化分别得到对氯苯氧乙酸和 2,4-二氯苯氧乙酸，这是一个多步(三步)合成综合反应。相关反应式如下：

$$ClCH_2COOH \xrightarrow{Na_2CO_3} ClCH_2COONa \xrightarrow{C_6H_5OH} C_6H_5OCH_2COONa$$

$$C_6H_5OCH_2COONa \xrightarrow{HCl} C_6H_5OCH_2COOH$$

$$\text{C}_6\text{H}_5\text{OCH}_2\text{COOH} + \text{HCl} + \text{H}_2\text{O}_2 \xrightarrow{\text{FeCl}_3} p\text{-ClC}_6\text{H}_4\text{OCH}_2\text{COOH}$$

$$p\text{-ClC}_6\text{H}_4\text{OCH}_2\text{COOH} + 2\text{NaOCl} \xrightarrow{\text{H}^+} 2,4\text{-Cl}_2\text{C}_6\text{H}_3\text{OCH}_2\text{COOH}$$

苯环上的卤化，是重要的芳环亲电取代反应。实验是由浓盐酸与过氧化氢以及次氯酸钠在酸性介质中氯化，避免直接使用氯气而带来危险和污染。反应式如下：

$$2HCl + H_2O_2 \longrightarrow Cl_2 + 2H_2O$$

$$HOCl + H^+ \longrightarrow H_2O^+Cl$$

$$2HOCl \rightleftharpoons Cl_2O + H_2O$$

H_2O^+Cl 和 Cl_2O 也是良好的氯化试剂。

三、仪器与试剂

1. 仪器

三颈烧瓶，锥形瓶，滴液漏斗，磁力加热搅拌器，冷凝管，抽滤装置等。

2. 试剂

氯乙酸，苯酚，饱和碳酸钠溶液，35%氢氧化钠溶液，冰醋酸，浓盐酸，过氧化氢(33%)，次氯酸钠，乙醇，乙醚，四氯化碳，pH 试纸，刚果红试纸等。

四、实验步骤

1. 苯氧乙酸的制备

(1) 在装有搅拌磁子、球形冷凝管和滴液漏斗的 50 mL 三颈烧瓶中(如图 50.1 所示)，加入 1.9 g 氯乙酸和 2.5 mL 水。磁力搅拌下，旋开滴液漏斗活塞，滴加约 3.5 mL 饱和碳酸钠溶液[1]，控制溶液 pH 值为 7～8。再加入 1.3 g 苯酚和 35% 的氢氧化钠溶液(需要慢慢滴加)至反应混合物溶液 pH=12。在 100 ℃油浴中加热反应 30 min，反应过程中若 pH 值下降，应补加氢氧化钠溶液，保持 pH 值为 12，继续加热 15 min。

(2) 反应完毕后，将三颈烧瓶移出油浴，趁热转入锥形瓶中，在搅拌下用浓盐酸酸化至 pH 值为 3～4。在水浴中冷却，析出固体。

(3) 待结晶完全后，抽滤，粗产物用冷水洗涤 2～3 次，在 60～65 ℃下干燥，粗产物直接用于对氯苯氧乙酸的制备。

纯苯氧乙酸的熔点为 98～99 ℃。

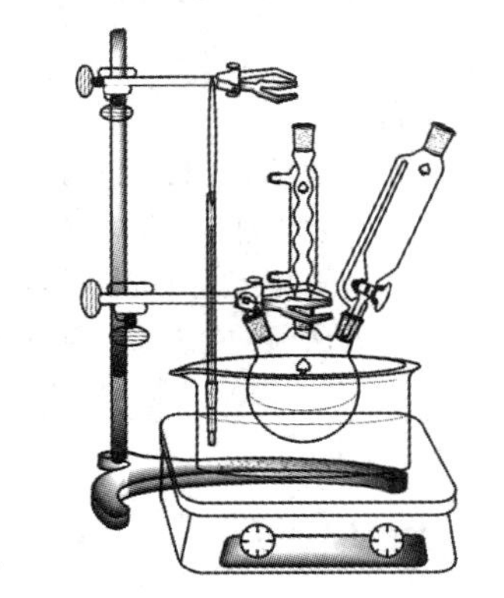

图 50.1　苯氧乙酸制备装置

2. 对苯氧乙酸的制备

(1)在装有搅拌磁子、回流冷凝管和滴液漏斗的 50 mL 的三颈瓶中,分别加入 1.5 g(0.02 mol)上面制备出的苯氧乙酸和 5 mL 冰醋酸,磁力搅拌下加热回流。

(2)待水浴温度上升至 55 ℃时,分别加入少许(约 10 mg)三氯化铁和 5 mL 浓盐酸[2]。当油浴温度升至 60～70 ℃时,旋开滴液漏斗活塞,在 10 min 内,使 3 mL 过氧化氢(33%)缓慢滴入三颈瓶中,保持该反应温度,继续反应 20 min(如瓶内固体未溶,可适当提高温度至瓶内固体全溶)。

(3)缓慢冷却,有固体析出。抽滤,粗产物用水洗涤 3 次,再用 1∶3 乙醇一水混合溶剂重结晶。干燥,待用。

纯品对氯苯氧乙酸的熔点为 158～159 ℃。

3. 2,4 二氯苯氧乙酸(2,4-D)的制备

(1) 在 100 mL 锥形瓶中,分别加入 1 g(6.6 mmol)干燥的对氯苯氧乙酸和 12 mL 冰醋酸,搅拌下使固体溶解。将锥形瓶置于冰浴中,在磁力搅拌分批加入 19 mL 5%的次氯酸钠溶液[3]。加完后,将锥形瓶从冰浴中取出,放置 5 min 使溶液温度升至室温,此时溶液颜色加深。向锥形瓶中加入 50 mL 水,并用 6 mol·L^{-1}的盐酸酸化至刚果红试纸变蓝。

(2) 用 25 ml 乙醚萃取反应物 2 次。合并醚的萃取液,转移到分液漏斗中,用 15 mL 水洗涤后,再用 15 mL 10%的碳酸钠溶液萃取产物(小心! 有二氧化碳气体逸出)。

(3) 将碱性萃取液移至烧杯中,加入 25 mL 水,用浓盐酸酸化,至刚果红试纸变蓝,有固体析出。

(4) 抽滤分离出固体,用冷水洗涤固体 2～3 次,粗产品用四氯化碳重结晶。

(5) 干燥后测熔点,计算产率。

纯品 2,4-二氯苯氧乙酸的熔点为 138 ℃。

五、思考题

(1) 说明本实验中各步反应 pH 值的目的和意义。

(2) 以苯氧乙酸为原料,如何制备对溴苯氧乙酸? 能用本法制备对碘苯氧乙酸吗? 为什么?

注释

[1] 为防止 $ClCH_2COOH$ 水解,先用饱和 Na_2CO_3溶液使之成盐,并且加碱的速度要慢。

[2] 开始滴加时,可能有沉淀产生,不断搅拌后又会溶解,盐酸不能过量太多,否则会生成佯盐而溶于水,若未见沉淀生成,可再补加 2～3 mL 浓盐酸。

[3] 若次氯酸钠过量,会使产量降低,实验中也可直接使用市售洗涤漂白剂,不过由于所含次氯酸钠不稳定,所以常会影响反应。

实验五十一 阿司匹林的制备、纯度检验及含量测定

阿司匹林又称为乙酰水杨酸,是一种历史悠久的解热镇痛药。

早在 18 世纪，人们从柳树皮中提取水杨酸，并注意到它具有止痛、退热和抗炎等治病的功效。但由于水杨酸在服用过程中严重刺激口腔、食道及胃壁黏膜等，副作用较大，因而病人不愿使用。为克服这一缺点，19 世纪末，人们终于成功地在水杨酸中引入乙酰基，获得了副作用小而疗效不减的乙酰水杨酸。直到目前，阿司匹林（乙酰水杨酸）仍是一个被广泛使用的具有解热、止痛、治疗感冒、软化血管以及预防老年人心血管等疾病的良药。

本实验可以根据学时及教学对象的不同，选择性地进行如下实验。

一、实验目的

（1）掌握乙酰苯胺制备的原理及方法；

（2）理解阿司匹林纯度检验原理及方法；

（3）掌握酸碱滴定法测定阿司匹林的含量；

（4）巩固重结晶等操作。

二、实验原理

水杨酸分子中具有羟基（—OH）和羧基（—COOH）双官能团，能进行两种不同的酯化反应。当与乙酸酐作用时，可以得到乙酰水杨酸，即阿司匹林。

反应方程式如下：

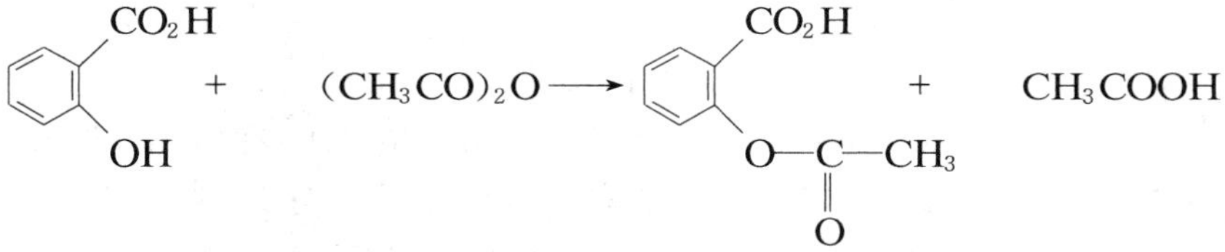

$$o\text{-}HOC_6H_4CO_2H + (CH_3CO)_2O \longrightarrow o\text{-}CH_3COOC_6H_4CO_2H + CH_3COOH$$

在生成阿司匹林的同时，水杨酸分子间可以发生缩合反应，生成少量的聚合物：

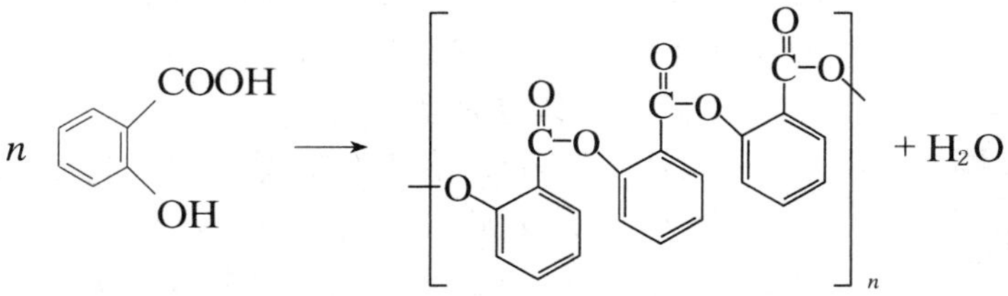

$$n\ o\text{-}HOC_6H_4COOH \longrightarrow [\text{—}O\text{—}C_6H_4\text{—}C(=O)\text{—}O\text{—}C_6H_4\text{—}C(=O)\text{—}O\text{—}C_6H_4\text{—}C(=O)\text{—}O\text{—}]_n + H_2O$$

阿司匹林能与碳酸氢钠反应生成水溶性钠盐，而副产物聚合物不溶于碳酸氢钠，这种性质上的差别可用于阿司匹林的纯化。

可能存在于最终产物中的杂质是水杨酸本身，这是由于乙酰化反应不完全或产物在分离步骤中发生水解造成的，它可以在各步纯化过程和产物的重结晶过程中被除去。

与大多数酚类化合物一样，水杨酸可与三氯化铁形成紫色络合物，阿司匹林因酚羟基已被酰化，不再与三氯化铁发生颜色反应，因此杂质很容易被检出。

阿司匹林含量的测定，在实验室中有酸碱滴定法和仪器分析等方法。仪器分析法将在后续学习中介绍，本次实验用酸碱滴定法测定自制的阿司匹林含量。

由于阿司匹林是有机弱酸，其酸的解离常数为 $K=1\times10^{-3}$，可以用酸碱滴定法进行定量分析。

三、仪器与试剂

1. 仪器

圆底烧瓶，冷凝管，抽滤装置，磁力加热搅拌器等。

2. 试剂

水杨酸，乙酐，浓硫酸，饱和碳酸氢钠溶液，1%三氯化铁，浓盐酸，无水乙醇，中性乙醇，酚酞试剂，氢氧化钠标准溶液（0.1 mol·L^{-1}），盐酸标准溶液（0.1 mol·L^{-1}）等。

四、实验步骤

1. 阿司匹林的制备

在干燥 50 mL 圆底烧瓶中[1]加入 2 g 水杨酸、5 mL 乙酸酐和 5 滴浓硫酸，振摇使水杨酸全部溶解后，如图 51.1 所示装上冷凝管，通水，在水浴上加热回流 10～15 min，控制浴温在 85～90 ℃[2]。反应结束后，取下反应瓶，冷却至室温，即有阿司匹林结晶析出。如无晶体析出，可用玻璃棒摩擦瓶壁，待少许晶体析出后，将反应物置于冰水中冷却，出现大量晶体后，再加入 30 mL 水继续冷却使结晶完全。抽滤，用少量冷水洗涤结晶 2～3 次，抽干得粗产物。

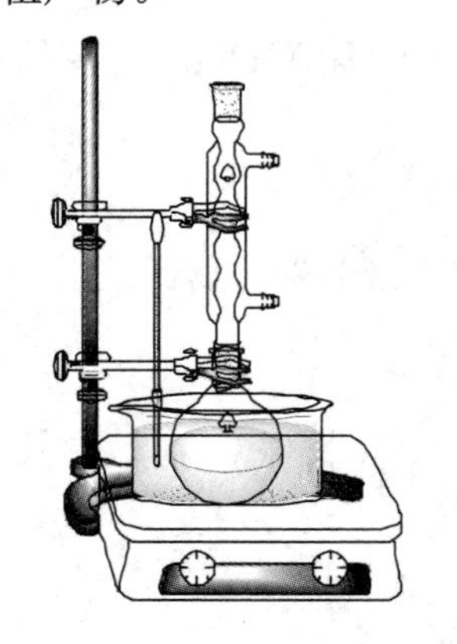

图 51.1 阿司匹林制备装置

2. 阿司匹林的纯化

将粗产物转移至 100 mL 烧杯中，在搅拌下加入 25 mL 饱和碳酸氢钠溶液，加完后继续搅拌几分钟，直至无二氧化碳气泡。滤去不溶物，滤液用配好的盐酸溶液（4 mL 浓 HCl 加 10 mL 水）酸化，立即有阿司匹林沉淀析出。冰浴中充分冷却，使结晶完全，抽滤，再用少许冷水洗涤 2～3 次。抽干，待检验纯度。

3. 阿司匹林纯度检验

（1）用 1% $FeCl_3$溶液检验：取少许纯化后的阿司匹林于小烧杯中，加入 5 mL 水将其溶解。取其烧杯中上层清液 1 mL 于小试管中，滴加 1～2 滴 1% $FeCl_3$溶液，如溶液不变紫色，说明产物较纯，要求不高时，可以不用重结晶。如溶液变紫色，表明产物不纯（为什么？）则需用乙醇一水（体积比 1∶4）溶液进行重结晶纯化。

（2）阿司匹林测定熔点：纯阿司匹林为白色晶体，熔点 135～136 ℃。具体步骤见实验五。

4. 酸碱滴定法测定阿司匹林含量

（1）直接滴定法[3]。准确称取试样（自制）0.3～0.35 g，置于干燥的锥形瓶中，加 20 mL 中性乙醇[4]，使阿司匹林溶解，加 2～3 滴酚酞作指示剂，用 0.1 mol·L^{-1}NaOH 标准溶液滴定，当溶液的颜色从无色变为粉红色时，即为终点。平行测定 3 份。计算阿司匹林的含量。

（2）间接滴定法。因阿司匹林在碱性氢氧化钠溶液中易发生水解生成水杨酸钠，因此，除了直接用标准浓度氢氧化钠溶液滴定试样外，还可用间接滴定法测阿司匹林的含量。具体操作如下：

准确称取试样 0.3～0.35 g，置于干燥的锥形瓶中，加 20 mL 中性乙醇，使阿司匹林溶解。加入 0.1 mol・L^{-1} NaOH 标准溶液 40 mL，水浴加热至沸，不时振摇[5]。然后再迅速用冷水冷却，加入 2～3 滴酚酞指示剂，用 0.1 mol・L^{-1} HCl 标准溶液滴定，当溶液的颜色从粉红色变为无色时即达到终点。平行测定 3 份。计算阿司匹林的含量。

五、思考题

（1）乙酰化反应时仪器为什么需要干燥？

（2）制备阿司匹林时，加入浓硫酸的目的何在？

（3）试分析本实验过程中可能产生的杂质有哪些？

（4）阿司匹林在沸水中受热时，分解得到一种溶液，后者对三氯化铁呈阳性试验，试解释并写出反应方程式。

注释

[1] 乙酰化反应所用仪器必须干燥，乙酸酐应是新开瓶试剂或新蒸试剂（收集 139～140 ℃馏分）。

[2] 乙酰化反应温度不宜过高，否则将增加副产物的生成。

[3] 因是直接滴定游离的羧酸，并要防止乙酰酯的水解，所以要在乙醇溶液中不断地振摇避免局部碱度过大而使乙酰酯水解。同时滴定操作要迅速，不宜久置。

[4] 因为是酸碱滴定法，因此所用的乙醇必须是中性的。久存储的乙醇，易被空气氧化为乙酸，因此往往乙醇具有一定的酸性，为减少误差，必须事先中和处理。处理的方法是：取 60 mL 的乙醇于 250 mL 锥形瓶中，加 2～3 滴酚酞，用 0.1 mol・L^{-1} NaOH 标准溶液滴定至溶液呈粉红色即制得中性乙醇。

[5] 用中性乙醇溶解后的试样溶液中，加氢氧化钠溶液、加热、振摇等操作目的是：促使产物乙酰水杨酸水解。水解后的产物（水杨酸、醋酸）遇碱被中和，过量的氢氧化钠用盐酸标准溶液滴定，根据消耗盐酸体积及浓度可计算出产物的含量。

实验五十二　固体酒精的制备

随着人们生活水平的提高，火锅作为大众菜谱已经走进了千家万户，与此同时新型的火锅燃料不断地涌现。目前市场上使用的燃料主要有液体酒精和固体酒精两种，固体酒精相对于液体酒精来说，使用便利，运输中安全性更高，因此，价廉质高的固体酒精受到了经销商的青睐。

同时，各种工业酒精固化的方法引起了研究者们的兴趣，其固化方法众多，主要差别在于选择不同的凝胶剂。目前酒精固化使用的凝胶剂有：硬脂酸、乙酸钙饱和溶液、硝化纤维、羟丙基纤维素等。不同的凝胶剂制得的固体酒精硬度、产率以及燃烧性能有所不同。

本实验以硬脂酸为凝胶剂来制备固体酒精。

一、实验目的

（1）了解硬脂酸及其钠盐的性质；
（2）掌握酒精固化的原理和方法。

二、实验原理

将硬脂酸转化成硬脂酸钠盐，利用硬脂酸钠在乙醇中温度不同，其溶解度不同的差异使乙醇固化，从而制得固体酒精。

相关反应式为：

$$C_{17}H_{35}COOH + NaOH = C_{17}H_{35}COONa + H_2O$$

$$2C_{17}H_{35}COOH + Na2SiO_3 = 2C_{17}H_{35}COONa + H_2SiO_3$$

反应生成的硬脂酸钠是一个长碳链的极性分子，室温下在乙醇中不易溶解，在较高的温度下，硬脂酸钠可以均匀地分散在乙醇溶液中，当冷却时可以形成凝胶体系，使乙醇分子被束缚在硬脂酸钠大分子空间网状骨架间隙中，形成不能流动的状态，即乙醇固化，形成固体酒精。

三、仪器与试剂

1. 仪器

恒温水槽，烧杯，玻棒等。

2. 试剂

硬脂酸（s，AR），氢氧化钠（ s，AR），硅酸钠（s，AR），无水乙醇（60％）等。

四、实验步骤

（1）称取适量的 NaOH 和适量的 Na_2SiO_3 于烧杯中，加一定量的水，在 60 ℃水浴中加热使其混合溶解，待用。

（2）在烧杯中取一定质量比（自己设计）的硬脂酸和 60％乙醇加以混合，在 60℃水浴中加热溶解。

（3）保持硬脂酸的乙醇溶液的温度在 60℃，将氢氧化钠和硅酸钠混合溶液缓慢加入其中，不断搅拌使硬脂酸反应充分，并使生成的硬脂酸钠盐均匀分散在乙醇溶液中，大约需要 15～20 min。自然冷却，杯中的溶液慢慢冷凝成固体。

五、数据记录与处理

（1）按照表 52.1～52.4 要求比较固体酒精性能，记录并填入表中。
（2）根据表中数据总结固化乙醇最佳条件。

表 52.1　硬脂酸加入量对固体酒精性能的影响

硬脂酸的量(%)	硬度	产率	燃烧性能
0			
2			
2.5			
3			
3.5			
4			

表 52.2　硅酸钠加入量对固体酒精性能的影响

硅酸钠的量(%)	硬度	产率	燃烧性能
0			
0.3			
0.4			
0.5			
0.6			
0.75			
1			

表 52.3　氢氧化钠加入量对固体酒精性能的影响

氢氧化钠的量(%)	硬度	产率	燃烧性能
0			
0.2			
0.4			
0.6			
1			
2			

表 52.4　水的添加量对固体酒精性能的影响

水的量(%)	硬度	产率	燃烧性能
0			
10			
15			
20			
30			
40			
50			

实验五十三　纯碱(碳酸钠)的制备及其含量的测定

碳酸钠又名苏打，工业上叫纯碱，它是一种重要的化工原料，主要用于玻璃制品和陶瓷釉的生产，还广泛用于生活洗涤、酸类中和以及食品加工等。

工业上制备纯碱是采用联合制碱法，又称为侯氏制碱法。所谓侯氏是指我国化学工业的奠基人侯德榜先生，他于1943年创立了同时生产纯碱和氯化铵两种产品的方法。此法是将氨碱法和合成氨法两种工艺联合起来，不仅可以提高原料食盐的利用率，缩短生产流程，减少对环境的污染，降低纯碱的成本，还克服了氨碱法的不足，曾在全球享有盛誉，得到普遍采用，在人类化学工业史上写下了光辉的一页。

基于侯氏制碱法的原理，实验室中通常是以碳酸氢铵和氯化钠为原料，在溶液中二者可以发生复分解反应生成碳酸氢钠和氯化铵两种盐。利用两种盐的溶解度差异分离出碳酸氢钠，再利用碳酸氢钠的热分解性能，从而制备得到碳酸钠。

一、实验目的

(1) 掌握利用复分解反应及盐类不同的溶解度制备无机物的方法；
(2) 掌握控温、灼烧、减压过滤和洗涤等操作；
(3) 掌握双指示剂法测定化合物的原理及方法；
(4) 掌握酸碱滴定法在混合碱测定中的应用。

二、实验原理

1. 碳酸氢钠制备

将氯化钠与碳酸氢铵混合，利用复分解反应制取中间产物碳酸氢钠。反应原理用方程式表示：

$$NH_4HCO_3 + NaCl = NaHCO_3 + NH_4Cl$$

NH_4HCO_3、$NaCl$、$NaHCO_3$和NH_4Cl同时存在于水溶液中，是一个复杂的四元交互体系，它们在水溶液中的溶解度互相发生影响。根据各纯净盐在不同温度下的溶解度，控制温度30～35℃可以制备得到碳酸氢钠(由表53.1可见，在此温度范围，$NaHCO_3$溶解度最小易析出)。

2. Na_2CO_3的制备

将碳酸氢钠在300 ℃下分解，分解的产物是Na_2CO_3，热分解反应方程式如下：

$$2NaHCO_3 = Na_2CO_3 + CO_2\uparrow + H_2O$$

表 53.1 氯化钠等四种盐在不同温度下的溶解度 (单位:g/100gH₂O)

盐 \ 温度(℃)	0	10	20	30	40	50	60	70	80	90	100
NaCl	35.7	35.8	36	36.3	36.6	37	37.3	37.8	38.4	39	39.8
NH_4HCO_3	11.9	15.8	21	27	—	—	—	—	—	—	—
$NaHCO_3$	6.9	8.15	9.6	11.1	12.7	14.5	16.4	—	—	—	—
NH_4Cl	29.4	33.3	37.2	41.4	45.8	50.4	55.2	60.2	65.6	71.3	77.3

3. 用双指示剂法测定 Na_2CO_3 与 $NaHCO_3$ 的含量

热分解后主要产物为 Na_2CO_3,但可能混有未分解的 $NaHCO_3$,因此用标准浓度的 HCl 溶液滴定,反应有两个化学计量点[1]。

第一个化学计量点时,反应为

$$Na_2CO_3 + HCl \longrightarrow NaHCO_3 + NaCl$$

此时溶液的 pH 约为 8.3,可选择酚酞为指示剂[2],滴定至溶液由红色变为浅粉色时(接近无色)即为为终点,消耗 HCl 体积记为 V_1(mL)。

第二个化学计量点时,反应为

$$NaHCO_3 + HCl \longrightarrow NaCl + CO_2\uparrow + H_2O$$

此时溶液的 pH 约为 3.9,可选择甲基橙为指示剂[3],达到滴定终点溶液颜色是由黄色变橙色,消耗 HCl 体积记为 V_2(mL)。

若 $V_1=V_2$,则说明产品中仅含有 Na_2CO_3。

若 $V_2>V_1$,表明制备得到产物中含有 Na_2CO_3 和 $NaHCO_3$,则 $\Delta V=V_2-V_1$,即是未分解完的 $NaHCO_3$ 消耗 HCl 的体积。

故产品中 Na_2CO_3 质量分数 $\omega(Na_2CO_3)$ 按下式计算:

$$\omega(Na_2CO_3)=c(HCl)\cdot V_1\cdot\frac{M(Na_2CO_3)}{G}\times100\%$$

产品中 $NaHCO_3$ 质量分数 $\omega(NaHCO_3)$ 按下式计算:

$$\omega(NaHCO_3)=c(HCl)(V_2-V_1)\cdot\frac{M(NaHCO_3)}{G}\times100\%$$

三、仪器与试剂

1. 仪器

电子天平,台秤,烧杯,温度计,电热套,坩埚钳,坩埚,研钵,容量瓶,锥形瓶,抽滤装置,酸式滴定管,马弗炉等。

2. 试剂

NaCl(s,AR),NH_4HCO_3(s,AR),盐酸(浓,1mol·$^{-1}$),酚酞指示剂,甲基橙指示剂、无水 Na_2CO_3(基准物),$NaHCO_3$ 溶液(饱和)等。

四、实验步骤

1. $NaHCO_3$的制备

方法一：

(1) 在 50 mL 小烧杯中分别加入 3.5 g NaCl 和 10 mL 蒸馏水，置于 30～35 ℃水浴中，加热溶解成饱和溶液，继续在水浴中保温，维持温度在 30～35 ℃。

(2) 于 50 mL 小烧杯中分别加入 4.3 g NH_4HCO_3，和 10 mL 蒸馏水，在 30～35℃水浴中加热溶解[4]，配成过饱和溶液[5]。将其缓慢加入饱和 NaCl 溶液中，维持水浴温度在 30～35 ℃。搅拌 10 min 后，有白色粉末状 $NaHCO_3$固体析出。

(3) 移出水浴，静置、冷却至沉淀析出完全，抽滤，用少量饱和 $NaHCO_3$溶液洗涤 2 次，除去 NH_4HCO_3、NaCl 等杂质。

方法二：

(1) 在 50 mL 小烧杯中分别加入 3.5 g NaCl 和 10 mL 蒸馏水，置于 30～35 ℃水浴中，加热溶解成饱和溶液，继续在水浴中保温，维持温度 30～35 ℃。

(2) 称取 4.3 g NH_4HCO_3固体、研细，在不断搅拌下，将固体 NH_4HCO_3分批加入氯化钠饱和溶液中，加完后继续保温搅拌 30 min。静置、抽滤，用少量饱和 $NaHCO_3$ 溶液洗涤 2 次，除去 NH_4HCO_3、NaCl 等杂质，得到固体即为 $NaHCO_3$。

观察方法一、方法二的反应现象，比较方法一、方法二有何优缺点。

2. Na_2CO_3的制备

(1) 将抽干的固体 $NaHCO_3$转入瓷坩埚中，先在电热套上加热烘干[6]（注意不断搅拌）。

(2) 用坩埚钳将烘干的产品放入马弗炉中，调节温度 300 ℃，加热 30 min。

(3) 将瓷坩埚从马弗炉取出置于石棉网上，冷却至室温，称量直至恒重，产品为白色细粉末状固体即 Na_2CO_3（纯碱）。

(3) 将产品冷却至室温，称重、记录数据并计算产率。

3. 产物中 Na_2CO_3和 $NaHCO_3$含量测定

(1) 0.10 mol・L^{-1}盐酸的配制与标定

① 0.10 mol・L^{-1}盐酸的配制：量取 4.5～4.6 mL 浓盐酸于大烧杯中加水稀至 500 mL，放在试剂瓶中备用。

② 0.10 mol・L^{-1}盐酸的标定：准确称取 0.5～0.55 g 无水 Na_2CO_3基准物于 50 mL 烧杯中，加入 20～30 mL 蒸馏水溶解。定量移入 100 mL 容量瓶中，加水稀释至刻度，摇匀混合。

③ 准确移取 25.00 mL Na_2CO_3溶液于锥形瓶中，滴加 2 滴甲基橙指示剂，用待标定的 0.10 mol・L^{-1}盐酸滴定至溶液由黄色变为橙色即为终点。根据滴定所消耗的盐酸体积及碳酸钠标准溶液浓度计算出盐酸标准溶液的浓度。平行测定三次。

(2) 产品中 Na_2CO_3和 $NaHCO_3$含量的测定

分次称取 0.11～0.14 g 自制的 Na_2CO_3固体于三个锥形瓶中，加入 50 mL 去离子水溶解。首先滴加 1～2 滴酚酞试液，用 HCl 标准溶液滴定至酚酞由红色变为浅红色时，记录所用 HCl 溶液的体积记为 V_1。再向锥形瓶中加入 2 滴甲基橙指示剂，继续用 HCl 标准溶液滴定，直至溶液由黄色变为橙色，记录所用 HCl 溶液的体积记为 V_2。平行滴定三次。

五、数据记录与处理

将实验数据分别记入表 53.2 和表 53.3 中，并计算产物中 Na_2CO_3 和 $NaHCO_3$ 的含量。

表 53.2 HCl 标准溶液的标定

	Ⅰ	Ⅱ	Ⅲ
称量基准物 Na_2CO_3 的质量(g)			
移取 Na_2CO_3 基准物溶液的体积(mL)			
消耗 HCl 溶液的体积(mL)			
HCl 标准溶液的浓度($mol \cdot L^{-1}$)			
HCl 标准溶液的平均浓度($mol \cdot L^{-1}$)			
相对平均偏差			

表 53.3 Na_2CO_3 和 $NaHCO_3$ 含量的测定

	Ⅰ	Ⅱ	Ⅲ
HCl 溶液的浓度($mol \cdot L^{-1}$)			
Na_2CO_3 样品的质量 m_s/g			
消耗 HCl 溶液的体积 V_1(mL)			
消耗 HCl 溶液的体积 V_2(mL)			
Na_2CO_3 的质量分数(%)			
Na_2CO_3 的平均质量分数(%)			
相对平均偏差			
$NaHCO_3$ 的质量分数(%)			
$NaHCO_3$ 的平均质量分数(%)			
相对平均偏差			

六、思考题

(1) 制取 $NaHCO_3$ 时，根据四种盐的溶解度，解释为何反应温度要控制在 30～35 ℃？

(2) 计算 Na_2CO_3 产率时，是以 NH_4HCO_3 还是 NaCl 的用量为依据？影响 Na_2CO_3 产率的因素有哪些？

(3) 在抽滤时，为了除去固体 $NaHCO_3$ 表面的杂质，用 $NaHCO_3$ 饱和溶液洗涤理由是什么？能否直接用蒸馏水代替？

注释

[1] Na_2CO_3 中混有 $NaHCO_3$，用盐酸滴定时先与 Na_2CO_3 反应，再与 $NaHCO_3$ 反应，所以有两个计量点。

[2] 溶液中主要以 $NaHCO_3$ 形式存在，由于 H_2CO_3 的 Ka_2 为 10^{-9}，故此时溶液的 pH 值在 8.3 左右，所以选择酚酞为指示剂(变色范围 pH =8.2～10.0)。

[3] 溶液中主要以 H_2CO_3 形式存在，由于 H_2CO_3 的 Ka_1 为 10^{-4}，此时溶液的 pH 值约为 3.9，所以选择甲基橙为指示剂(变色范围 pH =3.1～4.4)。

[4] 由于碳酸氢铵极易受热分解，水浴加热时间不宜过长。

[5] 允许少量碳酸氢铵未溶，溶液合并后会伴随碳酸氢钠固体析出，剩余碳酸氢铵会完全溶解，对实验结果无影响。

[6] 若将坩埚直接放入马弗炉中，因温度骤然升高，可能造成坩埚破裂，故先放在电热套中加热烘干。

实验五十四　硫酸四氨合铜制备及铜的含量测定

硫酸四氨合铜为深蓝色晶体，相对密度 1.81。加热不稳定，达到熔点(150 ℃) 时易分解成硫酸铜和氨气。硫酸四氨合铜易溶于水，不溶于乙醇、乙醚、丙酮、三氯甲烷、四氯化碳等有机溶剂。常温下在空气中易与水和二氧化碳反应生成铜的碱式盐，晶体由深蓝色变成绿色的粉末。

硫酸四氨合铜主要用于印染、纤维、杀虫剂及制铜的化合物等工业中。在碱性镀铜中是电镀液的主要成分，对真菌、细菌病害均有较好的防治作用，是高效安全的广谱杀菌剂。同时又能调节植物的生长，是一种植物生长激素，在农业生产中对提高作物产量发挥着重要的作用。

一、实验目的

(1) 掌握硫酸四氨合铜制备的原理和方法；

(2) 掌握蒸发、结晶、抽滤等基本操作；

(3) 巩固碘量法测定铜的原理及方法。

二、实验原理

1. 制备硫酸四氨合铜的原理

本实验以粗氧化铜为原料，先将氧化铜与硫酸反应制得硫酸铜溶液，再将硫酸铜溶液中加入过量的氨水进行配合反应，生成硫酸四氨合铜溶液，利用硫酸四氨合铜在乙醇中不溶解的特性，在硫酸四氨合铜溶液加入乙醇使其析出晶体。

反应式为

$$CuO + H_2SO_4 = CuSO_4 + H_2O$$

由于原料中含有其他成分如氧化铁等，因此在与硫酸溶解的同时还会有 $FeSO_4$ 和 $Fe_2(SO_4)_3$ 产生，这将对制备产物品质有影响，因此必须先除去。其方法是：先用 H_2O_2 将 Fe^{2+} 氧化成 Fe^{3+}，再用用氢氧化钠调节溶液 pH 值使之达到 3（不能高于 4）[1]，使 Fe^{3+} 生成 $Fe(OH)_3$ 随其他不溶性杂质通过过滤被除去。反应式如下：

$$2Fe^{2+} + 2H^+ + H_2O_2 = 2Fe^{3+} + 2H_2O$$

$$Fe^{3+} + 3H_2O = Fe(OH)_3\downarrow + 3H^+$$

可用 KSCN 检验溶液中 Fe^{3+} 是否被除尽，因为 KSCN 与 Fe^{3+} 生成血红色的配合物，反应式为

$$Fe^{3+} + nSCN^- = [Fe(NCS)_n]^{3-n}\ (n=1\sim6, \text{血红色})$$

在制得的硫酸铜溶液中加入过量的氨水可生成硫酸四氨合铜溶液，因其不溶于水，故在其溶液中加入乙醇，即可析出 $[Cu(NH_3)_4]SO_4 \cdot H_2O$ 晶体。反应式为

$$Cu(H_2O)_6^{2+} + 4NH_3 + SO_4^{2-} = [Cu(NH_3)_4]SO_4 \cdot H_2O + 5H_2O$$

2. 铜的含量的测定原理

$[Cu(NH_3)_4]SO_4 \cdot H_2O$ 晶体中铜含量可用碘量法测定。在微酸性溶液中（pH＝3～4），Cu^{2+} 与过量的 I^- 发生氧化还原反应，生成难溶性的 CuI 沉淀和 I_2，其反应式为

$$2Cu^{2+} + 4I^- = 2CuI\downarrow + I_2$$

生成的 I_2 用 $Na_2S_2O_3$ 标准溶液滴定，以淀粉溶液为指示剂，滴定至终点时，溶液的蓝色颜色刚好消失。反应式为

$$I_2 + 2S_2O_3^{2-} = 2I^- + S_4O_6^{2-}$$

由于 CuI 沉淀表面可能吸附少量 I_2，致使分析结果偏低，为此可在大部分 I_2 被 $Na_2S_2O_3$ 溶液滴定后，再加如 KSCN 使 CuI 沉淀（$K_{sp}=2.1\times10^{-12}$）转化成溶解度更小的 CuSCN（$K_{sp}=4.8\times10^{-15}$），使吸附的 I_2 被释放出来，从而提高测定结果的准确性。

三、仪器与试剂

1. 仪器

烧杯，量筒，蒸发皿，玻棒，布氏漏斗，吸滤瓶，循环水真空泵，滴定板，碱式滴定管，电热套（或电炉）等。

2. 试剂

CuO 粉，H_2SO_4（3 mol·L^{-1}），氨水（1∶1），乙醇（95%），KI（s，AR），$K_2Cr_2O_7$（基准物），H_2O_2（3%），KSCN（0.1 mol·L^{-1}，10%），淀粉（0.5%），$Na_2S_2O_3$（0.1 mol·L^{-1}），NaOH（2 mol·L^{-1}），滤纸，精密 pH 试纸等。

四、实验步骤

1. 粗 $CuSO_4$ 溶液的制备与精制

(1) 称取 2.0 g CuO 粉于 100 mL 烧杯中，加入 10 mL H_2SO_4(3 mol·L^{-1})在电热套(或电炉)上微热、搅拌使 CuO 溶解。加水 15 mL，继续加热，搅匀得到蓝色的粗硫酸铜溶液。

(2) 在粗硫酸铜溶液，滴加 2 mL H_2O_2(3%)，加热至沸，搅拌 2～3 min。再滴加 7 mL NaOH 溶液(2 mol·L^{-1})，使溶液的 pH=3.0(要用精密 pH 试纸[2]测量)。用玻棒蘸取数滴溶液于滴定板中，加入 1 滴 0.1 mol·L^{-1} KSCN 溶液，如出现红色，表明 Fe^{3+} 未沉淀完全，需继续滴加 NaOH 溶液至不再有红色为止。Fe^{3+} 沉淀完全后，继续加热片刻[3]，趁热抽滤，滤液转移至洁净的蒸发皿中。

2. $[Cu(NH_3)_4]SO_4 \cdot H_2O$ 晶体的制备

(1) 将蒸发皿中的滤液水浴加热，蒸发、浓缩至 10～15 mL 时，停止加热，冷却至室温，转移到烧杯中。在烧杯中滴加氨水(1∶1)，并调节溶液的 pH 值达到 6～8，再加入 15 mL 氨水(1∶1)，生成深蓝色的$[Cu(NH_3)_4]SO_4 \cdot H_2O$溶液。

(2) 在深蓝色的$[Cu(NH_3)_4]SO_4 \cdot H_2O$溶液，缓慢加入 10 mL95%乙醇，立即有深蓝色的晶体析出，用表面皿盖上烧杯，静置 15 min 后，抽滤，用 20 mL 乙醇与氨水的混合液(10 mL 95%乙醇和 10 mL(1∶1)氨水混合)[4]洗涤晶体，抽干后称重，计算产率。

3. $K_2Cr_2O_7$标准溶液配制

见实验十八。

4. 0.1 mol·L^{-1} $Na_2S_2O_3$溶液的配制与标定

见实验实验十九。

5. $[Cu(NH_3)_4]SO_4 \cdot H_2O$ 晶体中铜的含量测定

(1) 准确称取$[Cu(NH_3)_4]SO_4 \cdot H_2O$晶体试样 2～2.5 g 于 100 mL 烧杯中，分别加入 6 mL H_2SO_4(3 mol·L^{-1})、18 mL 水搅拌溶解，定量转移至 100 mL 的容量瓶中，加水稀释至刻度，摇匀。

(2) 准确移取 25.00 mL 试样溶液于 250 mL 锥形瓶中，加入 70 mL 和 1 g KI，摇匀。用 $Na_2S_2O_3$标准溶液滴定至浅黄色，加入 2 mL 淀粉(0.5%)，继续滴定至溶液蓝色变为蓝紫色，再加 10 mL KSCN(10%)溶液[5]，再继续用 $Na_2S_2O_3$标准溶液滴定至蓝色刚好消失即为终点[6]。此时溶液呈肉色。平行滴定 3 次，记下每次消耗的 $Na_2S_2O_3$标准溶液的体积。

五、实验数据与处理

根据滴定消耗 $Na_2S_2O_3$标准溶液的体积与浓度按下式计算可得试样中铜的含量。

$$\text{试样中铜的含量} = \frac{C_{Na_2S_2O_3} \times V_{Na_2S_2O_3} \times M_{Cu}}{m_s \times 1000 \times \dfrac{25.00}{100.00}} \times 100\%$$

六、思考题

(1) 在粗制硫酸铜溶液时，为何要加入氢氧化钠溶液？为什么溶液的 pH 值要调节到 3？pH 值太大或太小有何影响？

(2) 制备得到的产品洗涤时为什么要用乙醇和氨的混合液而不能用水来洗？试解释原因。

(3) 制备得到硫酸铜溶液为什么要在水浴上加热蒸发浓缩？

注释

[1] 当 pH=3，Fe^{3+} 因水解可生成 $Fe(OH)_3$ 沉淀，与其他不溶物一起通过过滤被除去。当 pH≥4 时，溶液中部分 Cu^{2+} 会产生碱式硫酸铜沉淀，会影响分析结果(结果偏低)。

[2] 如用广泛 pH 试纸，可能由于颜色变化不敏锐，而导致 NaOH 过量，所以要用精密 pH 试纸。

[3] 在加热过程中，因蒸发可能有晶体析出，此时可加少量水，加热使之溶解。

[4] 用乙醇和氨水的混合液洗涤是为了降低 $[Cu(NH_3)_4]SO_4 \cdot H_2O$ 晶体的溶解度，减少洗涤中产生的损耗。

[5] 加入 KSCN 溶液不能过早，加入后要剧烈摇动，有利于沉淀的转化和释放被吸附的 I_3^-。

[6] 接近终点时滴定剂最好一滴或半滴加入。

实验五十五　水泥熟料中 SiO_2、Fe_2O_3、Al_2O_3、CaO 和 MgO 含量的测定

水泥主要由硅酸盐组成。水泥熟料是以石灰石和黏土、铁质原料为主要原料，按适当比例配制成生料，烧至部分或全部熔融，并经冷却而获得的半成品。在水泥工业中，最常用的硅酸盐水泥熟料其主要化学成分是 SiO_2(含量范围 18%～24%)、Fe_2O_3(含量范围 2.0%～5.5%)、Al_2O_3(含量范围 4.0%～9.5%)、CaO(含量范围 60%～67%)和 MgO(含量小于 4.5%)等。

一般水泥是由水泥熟料加入适量的石膏组成。要控制水泥的质量，可通过水泥熟料的分析来实现。检验水泥熟料质量和烧成情况的好坏，根据分析结果，可及时调整原料的配比以控制生产。本实验采用化学法测定其主要成分的含量。

一、实验目的

(1) 理解重量法测定 SiO_2 含量的原理和方法；

(2) 掌握铁、铝、钙、镁共存时，利用配位滴定法直接测其含量的原理、条件和方法；

(3) 巩固水浴加热、沉淀、过滤、洗涤、灰化、灼烧等技术；

(4) 通过复杂物分析实验培养综合分析问题和解决问题的能力。

二、实验原理

1. 试样分解原理

水泥熟料中碱性氧化物占60%以上,因此可采用酸分解。水泥熟料主要矿物为硅酸三钙($3CaO \cdot SiO_2$)、硅酸二钙($2CaO \cdot SiO_2$)、铝酸三钙($3CaO \cdot Al_2O_3$)和铁铝酸四钙($4CaO \cdot Al_2O_3 \cdot Fe_2O_3$)等混合物。这些化合物与盐酸作用时,生成硅酸和可溶性的氯化物,反应式如下:

$$2CaO \cdot SiO_2 + 4HCl \longrightarrow 2CaCl_2 + H_2SiO_3 + H_2O$$

$$3CaO \cdot SiO_2 + 6HCl \longrightarrow 3CaCl_2 + H_2SiO_3 + H_2O$$

$$3CaO \cdot Al_2O_3 + 12HCl \longrightarrow 3CaCl_2 + 2AlCl_3 + 6H_2O$$

$$4CaO \cdot Al_2O_3 \cdot Fe_2O_3 + 20HCl \longrightarrow 4CaCl_2 + 2AlCl_3 + 2FeCl_3 + 10H_2O$$

硅酸是一种无机酸,在水溶液中绝大部分以溶胶状态存在,其化学式应以 $SiO_2 \cdot H_2O$ 表示。在用浓酸和加热蒸干等方法处理后,使绝大部分硅酸水溶胶脱水以水凝胶形式析出,因此可以利用沉淀分离的方法把硅酸与水泥中的铁、铝、钙、镁等其他组分分开。

2. SiO_2含量测定原理

本实验中以重量法测定SiO_2的含量。在水泥熟料经酸分解后的溶液中,采用加热蒸发近干和加固体氯化铵两种措施[1],使水溶性胶状硅胶尽可能全部脱水析出。

含水硅胶的组成不固定,故沉淀经过过滤、洗涤、灰化后,还需950～1000℃高温灼烧转化成SiO_2,然后称量,根据沉淀的质量计算SiO_2的百分含量。

$$H_2SiO_3 \cdot nH_2O \xrightarrow{110\ ℃} H_2SiO_3 \xrightarrow{950\sim1000\ ℃} SiO_2$$

3. 水泥熟料中的铁、铝、钙、镁等组分测定原理

水泥熟料中的铁、铝、钙、镁等组分以Fe^{3+}、Al^{3+}、Ca^{2+}、Mg^{2+}等形式存在于过滤SiO_2沉淀后的滤液中,它们都能与EDTA形成稳定的配离子。但这些配离子的稳定性有较大的差别,因此只要控制适当的酸度,就可用EDTA分别直接滴定。

(1) 铁的测定

以磺基水杨酸或其钠盐为指示剂,在pH=1.5～2.5[2]、温度为60～70 ℃[3]的溶液中,用EDTA标准溶液滴定。滴定反应如下:

$$Fe^{3+} + H_2Y^{2-} = FeY^- + 2H^+$$

指示剂的显色反应:

$$\underset{\text{无色}}{Fe^{3+} + HIn^-} = \underset{\text{紫红色}}{FeIn^+} + H^+$$

终点时:

$$\underset{\text{紫红色}}{FeIn^+} + H_2Y^{2-} = \underset{\text{亮黄色}}{FeY^- + HIn^-} + H^+$$

溶液由紫红色变为亮黄色。

（2）铝的测定

Al^{3+} 与 EDTA 反应慢，不宜直接滴定，所以用铜盐返滴法测定铝[4]，再用 $CuSO_4$ 标准溶液回滴过量的 EDTA。Al－EDTA 配合物是无色的，所以用 1－（2－吡啶偶氮）－2－萘酚（简称 PAN）作指示剂。PAN 在 pH＝4.3 的条件下是黄色的，因此滴定开始前溶液呈黄色。随着 $CuSO_4$ 标准溶液的加入，Cu^{2+} 不断与过量的 EDTA 生成蓝色的 Cu－EDTA，溶液逐渐由黄色变为绿色。终点时，过量的 Cu^{2+} 与 PAN 反应生成红色配合物，所以终点颜色呈亮紫色[5]。滴定反应式如下：

$$Al^{3+} + H_2Y^{2-} = AlY^{-} + 2H^{+}$$

用铜盐回滴过量的 EDTA：

$$\underset{}{Cu^{2+}} + H_2Y^{2-} = \underset{\text{蓝色}}{CuY^{2-}} + 2H^{+}$$

终点时：

$$\underset{}{Cu^{2+}} + \underset{\text{黄色}}{PAN} \longrightarrow \underset{\text{红色}}{CuPAN}$$

（3）钙的测定

在强碱（pH＝12 以上）性溶液中，Mg^{2+} 形成 $Mg(OH)_2$ 沉淀而被掩蔽，Fe^{3+}、Al^{3+} 以三乙醇胺为掩蔽剂，用钙黄绿素—甲基百里香酚蓝—酚酞混合指示剂（CMP）[6]，用 EDTA 标准溶液滴定。

pH 大于 12 钙黄绿素本身呈橘红色，与 Ca^{2+}、Sr^{2+}、Ba^{2+} 等配合后呈绿色荧光。终点时，溶液中的荧光消失呈现橘红色。

（4）镁的测定

用 EDTA 配位滴定法测定镁，多采用差减法[7]。

滴定钙、镁含量时，采用酸性铬蓝 K-萘酚绿 B（简称 K-B）混合指示剂[8]，终点颜色的变化是红色到蓝色。Fe^{3+}、Al^{3+} 以三乙醇胺和酒石酸钾钠进行联合掩蔽。

三、仪器和试剂

1. 仪器

电子天平，滴定管，容量瓶（250 mL），移液管（25 mL），锥形瓶（250 mL），烧杯（50 mL，250 mL，400 mL），量筒，电炉，漏斗，坩埚，滤纸。

2. 试剂

EDTA 标准溶液（0.01 $mol \cdot L^{-1}$），HCl（3％，6 $mol \cdot L^{-1}$），$AgNO_3$（0.1 $mol \cdot L^{-1}$），浓硝酸，NH_4Cl(s)，氨水（1∶1），三乙醇胺（1∶2），KOH 溶液（20％），溴甲酚绿指示剂（0.05％，将 0.05 g溴甲酚绿溶于 100 mL20％乙醇溶液中），磺基水杨酸（10％），$CuSO_4$ 标准溶液（0.01 $mol \cdot L^{-1}$），PAN 指示剂（3％乙醇溶液），酒石酸钾钠（10％），K-B 指示剂（1 g 酸性铬蓝 K，2.5 g 萘酚绿 B，50 g 硝酸钾），CMP 指示剂（1 g 钙黄绿素，1 g 甲基百里香酚蓝，0.2 g 酚酞，50 g 硝酸钾），HAc—NaAc 缓冲溶液（pH＝4.3），NH_3－NH_4Cl 缓冲溶液（pH＝10）。

四、实验内容

1. SiO_2的测定

(1) 准确称取试样0.5 g,置于干燥的50 mL烧杯中,加2 g氯化铵,用玻棒混匀,盖上表面皿。沿皿口滴加2 mL浓盐酸及1～2滴浓硝酸,搅匀,使所有深灰色试样变为淡黄色糊状物。再盖上表面皿,将烧杯放在电热板(或沸水浴)上加热,待蒸发至近干时(10～15 min),取下烧杯。加10 mL3% 热盐酸,搅拌,使可溶性的盐类溶解。用中速滤纸过滤,滤液用250 mL容量瓶盛接,用胶头滴管以3%热盐酸洗玻棒及烧杯,并洗涤沉淀3～4次,然后用热水充分洗涤沉淀直至检验无氯离子(收集2滴滤液于黑色点滴板上,加1滴硝酸银溶液,观察溶液不显浑浊为止)。滤液和洗液保存在250 mL容量瓶中。

(2) 沉淀及滤纸一并移入已恒量的瓷坩埚中,灰化,再于950～1000 ℃的高温炉内灼烧30 min,取出,放干燥器中冷却20～30 min,称量。反复灼烧,直至恒量。

2. Fe_2O_3的测定

(1) 将分离二氧化硅后的滤液冷却至室温,用蒸馏水定容至250 mL,摇匀。

(2) 移取25.00 mL试样溶液于500 mL烧杯中,加水稀释至100 mL,加2滴0.05%溴甲酚绿指示剂(在pH<3.8时呈黄色,pH>5.4时呈绿色),逐滴加入氨水(1∶1),使之呈绿色,然后用6 mol·L^{-1}盐酸调至黄色后再过量3滴,溶液pH为1.8～2.0。

(3) 将溶液加热至60～70 ℃,加10滴磺基水杨酸指示剂溶液,用0.01 mol·L^{-1}EDTA标准溶液[9]缓慢地滴定溶液由紫红色至亮黄色(终点时溶液的温度应不低于60 ℃)。保留此溶液供测定Al_2O_3用。

3. Al_2O_3的测定

在滴定铁后的溶液中,加入0.01 mol·L^{-1}EDTA标准溶液25.00 mL(过量10～15 mL),用水稀释至200 mL。加15 mL pH=4.3 HAC-NaAC缓冲溶液,煮沸1～2 min,取下稍冷却,加入4～5滴PAN指示剂溶液,以0.01 mol·L^{-1}硫酸铜标准溶液[10]滴定至亮紫色。

4. CaO的测定

移取分离二氧化硅后的滤液10.00 mL置于250 mL烧杯中,加蒸馏水稀释至约100 mL,加5 mL三乙醇胺(1∶2)及少许CMP混合指示剂,在搅拌下加入20% KOH溶液至出现绿色荧光后再过量5～8 mL,此时溶液pH在13以上,用0.01 mol·L^{-1}EDTA标准溶液滴定溶液至绿色荧光消失并呈现红色即为终点(观察终点时应该从烧杯上方向下看)。

5. MgO测定

移取分离二氧化硅后的滤液10.00 mL放入500 mL烧杯中,加水稀释至约200 mL,加1 mL酒石酸钠溶液,5 mL三乙醇胺(1∶2),搅拌1 min,然后加入15 mL pH=10 NH_3-NH_4Cl缓冲溶液及少许K-B混合指示剂,用0.01 mol·L^{-1}EDTA标准溶液滴定至溶液由紫红色变为纯蓝色。

五、数据记录和处理

(1) 列出SiO_2、Fe_2O_3、Al_2O_3、CaO、MgO含量的计算式。

（2）分别计算水泥熟料中 SiO_2、Fe_2O_3、Al_2O_3、CaO、MgO 的含量和它们含量的总和。

六、思考题

（1）如何分解水泥熟料试样？分解后被测组分以什么形式存在？

（2）重量法测定 SiO_2 含量的方法原理是什么？

（3）洗涤沉淀的操作应注意些什么？怎样提高洗涤的效果？

（4）测定 Fe^{3+} 时，Al^{3+}、Ca^{2+}、Mg^{2+} 等的干扰用何种方法消除？

（5）Fe^{3+} 的滴定控制在什么温度范围？为什么？

（6）如果 Fe^{3+} 的测定结果不准确，对 Al^{3+} 的测定结果有什么影响？

（7）EDTA 测定 Al^{3+} 时，为什么要采用返滴定法？还能采用别的滴定方式吗？在 pH=4 条件下返滴定 Al^{3+}、Ca^{2+} 和 Mg^{2+} 会不会有干扰？

（8）加入三乙醇胺的目的是什么？为什么要在加入 KOH 之前加三乙醇胺？

注释

[1] 蒸发脱水是将溶液控制在 100～110 ℃下，在水浴或电热板上加热 10～15 min。由于 HCl 的蒸发，硅酸中所含的水分大部分被带走，硅酸水溶胶即成为水凝胶析出。加入固体 NH_4Cl 后，氯化铵水解夺取了硅酸中的水分，从而加速了硅胶水溶胶的脱水过程，反应式为：$NH_4Cl + H_2O = NH_3 \cdot H_2O + HCl$。

[2] 用 EDTA 滴定铁的关键在于正确控制溶液的 pH 和掌握适当的温度。实验表明，溶液的酸度控制得不恰当对测定铁的结果影响很大。在 pH≤1.5 时结果偏低，pH>3 时，Fe^{3+} 开始形成红棕色的氢氧化物，往往无滴定终点。

[3] 滴定时溶液的温度以 60～70 ℃为宜，当温度高于 75 ℃，Al^{3+} 也能与 EDTA 配合，使 Fe_2O_3 的测定结果偏高，而 Al_2O_3 的结果偏低。当温度低于 50 ℃时，反应速率缓慢，不易得到准确的终点。

[4] 因为 Al^{3+} 与 EDTA 的配合作用进行得很慢，不宜采用直接滴定法，所以一般先加入过量的 EDTA 溶液，并加热煮沸，使 Al^{3+} 与 EDTA 充分反应，然后用 $CuSO_4$ 标准溶液回滴过量的 EDTA。

[5] 溶液中蓝色 Cu-EDTA 存在量的多少，对终点的颜色变化的敏锐程度有影响。因而对过量的 EDTA 的量要加以控制，一般 100 mL 溶液中加入的 EDTA 标准溶液（浓度 0.01～0.015 $mol \cdot L^{-1}$）以过量 10～15 mL 为宜。在这种情况下终点为亮紫色。

[6] 由于溶液中残余荧光影响终点的观察，故利用某些酸碱指示剂和其他配合指示剂的颜色来掩盖钙黄绿素残余荧光。本实验选用钙黄绿素—甲基百里香酚蓝—酚酞混合指示剂，其中的甲基百里香酚蓝和酚酞在滴定的条件下起着遮盖残余荧光的作用。

[7] 在一份溶液中，调 pH=10，用 EDTA 滴定钙、镁含量。从总含量中减去钙的含量，即得镁的含量。

[8] 滴定钙、镁含量时，常用的指示剂有铬黑 T 和酸性铬蓝 K-萘酚氯 B（简称 K-B）混合指示剂。铬黑 T 易受某些重金属离子的封闭，因此选择 K-B 混合指示剂。混合指示剂中的萘酚绿 B 在滴定过程中没有颜色变化，只起衬托终点颜色的作用。

[9] 0.01 $mol \cdot L^{-1}$ EDTA 标准溶液的标定见实验十六。

[10] 0.01 $mol \cdot L^{-1}$ 硫酸铜标准溶液的标定见实验十七。

参 考 文 献

[1] 朱霞石.大学化学实验:基础化学实验一[M].南京:南京大学出版社,2006.

[2] 薛怀国.大学化学实验:基础化学实验二[M].南京:南京大学出版社,2006.

[3] 郭伟强.大学化学基础实验[M].2版.北京:科学出版社,2005.

[4] 郭伟强.大学化学基础实验[M].3版.北京:科学出版社,2010.

[5] 王玲,等.大学化学实验[M].北京:国防工业出版社,2004.

[6] 魏红,等.化学实验.Ⅰ[M].北京:人民卫生出版社,2005.

[7] 武汉大学,等.分析化学实验[M].4版.北京:高等教育出版社,2001.

[8] 张寒琦.综合和设计化学实验[M].北京:高等教育出版社,2006.

[9] 王清廉,沈凤嘉.有机化学实验[M].2版.北京:高等教育出版社,1994.

[10] 王清廉,李瀛,高坤,等.有机化学实验[M].3版.北京:高等教育出版社,2010.

[11] 曾昭琼.有机化学实验[M].3版.北京:高等教育出版社,2000.

[12] 刘晓薇.实验化学基础[M].北京:国防工业出版社 2005.

[13] 王伦,方宾.大学化学实验[M].北京:高等教育出版社,2001.

[14] 焦家俊.有机化学实验[M].上海:上海交通大学出版社,2000.

[15] 王来福.有机化学实验[M].武汉:武汉大学出版社,2001.

[16] 关烨第,李翠娟,葛树丰,等.有机化学实验[M].2版.北京:北京大学出版社,2002.

[17] 李兆陇,阴金香,林天舒.有机化学实验[M].北京:清华大学出版社,2001.